원자력을 말하다

원자력을 말하다

이 익 환

2013년도
대한민국학술원 선정
우수학술도서

이 도서는 교육부의 지원으로
대한민국학술원에서 선정한
"2013년도 우수학술도서"임.

도서출판 대영문화사

이 책의 출판을 지원해 준
한국원자력학회에 감사드립니다.

책머리에

전체적인 책의 내용과 흐름이 관심 사항에 따른 주제로 편성되어 있긴 하지만, 일부는 보고서 같은 느낌이 들어 읽기에 지루할 수도 있겠으나 원자력의 역할과 실상을 바로 알리는 차원에서 준비한 것이라는 점을 이해해 주시기 바란다.

우리나라는 자원이 거의 없어 세계의 어느 국가 못지않게 에너지 사정이 어렵다. 그럼에도 불구하고 에너지 소비는 지속적으로 늘어나고 있다. 우리나라는 다른 국가에 비해 에너지 다소비 구조를 가지고 있는데, 이는 근본적으로 연료를 수입하여 공산품을 생산, 수출해야 하는 수출지향국으로서 에너지의 지속적 소비 증대가 이루어질 수밖에 없기 때문이다. 그래서 국가 정책 또한 지속 가능한 에너지 안보를 어떻게 구축하느냐에 초점이 맞추어져 있다고 판단된다.

지난 1978년 고리원전 1호기가 가동되면서 그동안 23기의 원전을 건설해 운영하고 있으며, 여기에서 생산되는 전력을 바탕으로 한 산업의 발전이 한국 경제 개발의 견인차 역할을 해 왔다고 확신한다. 천 년의 역사를 지닌 동방의 조용한 대한민국을 더 이상 조용할 수 없는 세계 속의 산업국가로 변모시킨 계기를 만들었던 것 중의 하나가 바로 원자력이다. 이러한 경향은 앞으로도 그렇게 될 수밖에 없을 것임을 여러분께서도 공감하고 이해하실 것으로 믿는다. 우리나라를 비롯해 세계의 많은 국가에서 경제 개발의 동력이며 저탄소 에너지원이라는 원자력의 매력 때문에 신규 원전 건설을 추진했고, 처음으로 원전을 도입하려는 국가들도 많아지는 분위기가 조성되었다.

이러한 분위기 속에 2011년 3월 11일 발생한 일본의 후쿠시마 원전사고는 원전 도입에 관심을 갖고 있던 국가로 하여금 도입에 대한 재검토를 하게 했다. 사고 직후 독일은 오래된 원전에 대해 운전 중지를 결정하고 장기적으로 탈(脫)원전 정책을 발표한 바 있다. 우리나라에도 원자력 반대 입장을 갖는 세력이 눈에 띄게 조직화되고 있는 추세이다. 후쿠시마 원전사고가 발생한 지 1년 반이 지난 현 시점에서 보면 독일과 스위스가 너무 섣부른 결정을 하지 않았나 하는 생각을 해본다. 일본은 예외로 하고 종래 원자력 도입에 관심을 가진 국가들은 안전성 확보를 전제로 사업 추진에 큰 변화를 보이지 않고 진행하고 있기 때문이다.

국제원자력기구(IAEA)는 2030년까지 현재 원자력에 의한 발전 규모가 약 2배가량 증가될 것이라고 2008년에 발표한 적이 있는데, 후쿠시마 원전사고 이후 재조사한 결과는 약 7% 정도 줄어들 것으로 예측했다. 이는 사고 발생 당사국인 일본과 독일 등의 원전 계획이 반영된 결과이다. 일본은 건설 중인 원전을 포함해 신규 원전을 건설하지 않는 등 반대 의견이 대두되고 있긴 하지만, 일본은 우리나라와 같이 전력 다소비 국가이며 온실가스 감축을 국가 에너지 정책의 기조에 두고 있어 그 역할을 신재생 에너지에만 의존할 수 없는 실정이다. 왜냐하면 신재생 에너지는 원자력보다 3~10배 이상 비용이 비싸며 풍력, 태양광 발전 등은 기후에 의해 좌우되는 간헐적 특성을 지니고 있기 때문이다. 이를 보완하기 위해서는 기저 부하 전력이 필요하다. 따라서 일본은 원전 반대를 외치는 많은 세력이 있지만 궁극적으로는 원전사업을 포기할 수 없을 것으로 판단된다. 이미 전력이 부족한 상태이고 전기료가 치솟아 국민과 산업체에 큰 부담을 주고 있기 때문이다.

어떻든 원자력은 바로 우리 곁에 있고 우리에게 지속 가능한 전력을 공급하며 한국의 경제를 세계 속으로 발전시키는 견인차 역할을 해 오고 있다. 원자력은 안전성 측면에서 잘만 관리하면 우리에게 매우 좋은 기술이 아닐 수 없다.

원자력에 관심이 많은 대중이나 원자력 시설이 가까이에 있어 무언가 바로 알고 싶어하는 분들께 이 책을 권해 드리고 싶다. 필자는 원자력공학을 전공하고 정부의 규제기관이었던 과학기술처(당시 원자력청)에서 우리나라 최초의 원전인 고리 1호기 건설 허가 기술 규제 업무를 시작으로 원자력 연구, 원전 설계, 원전 건설, 폐기물 관리, 핵연료 생산에 이르기까지 약 40년 이상을 원자력에 종사한 과학기술자로서 원자력에 대해 궁금해 하는 분들에게 원자력 이야기를 쉽게 설명해 드리고 싶었다. 국민의 한 사람으로 때에 따라서는 주민의 입장이 되어 보기도 했고 반대 의견을 가진 분들의 입장이 되어 보기도 했다.

한편으로 그동안 원자력 지식을 전달할 수 있는 책이 많이 발간되고 있지만 어떻게 보면 일반 대중 대상으로는 좀 어렵게 씌어지지 않았나 하는 느낌을 받았다. 필자는 원자력을 있는 그대로 알기 쉽게 전달하고 싶어 용기를 내어 이 책을 준비하게 되었다.

끝으로 이 책의 출판에 물심양면 지원을 아끼지 않으신 한국원자력학회의 장순흥, 정연호 전・현직 회장님과 관계자께 감사와 고마움의 마음을 전한다. 또한 기술적인 점과 강약을 조화롭게 책을 감수해 주신 장인순 박사님을 포함해 여러 감수자께 진심으로 감사드린다. 아울러 평소 집필에 격려와 용기를 준 아내 율리안나와 말을 순화시키며 문법적인 교정을 해 준 사랑하는 나의 딸 현정에게도 고마움을 전한다.특히 이러한 저자의 뜻이 책으로 나올 수 있도록 흔쾌히 수락해 준 대영문화사 임춘환 사장님께 감사드린다.

2012년 11월

포울(浦蔚) 이익환

추천의 글

원자력계 원로의 경륜과 지혜가 담긴 책

정 연 호 (한국원자력학회장 / 한국원자력연구원장)

원자력에 대한 관심이 그 어느 때보다도 뜨거운 요즘이다. 원자력은 늘 우리 삶과 가까이에서 함께 해왔다. 그러나 2011년 일본에서 발생한 후쿠시마 원전사고 이후 원전의 안전성에 대한 우려가 커지고 있다. 국내 가동 중인 원전에서도 크고 작은 사고와 고장으로 부정적인 여론이 커져가고 있어 원자력계 종사자로서 부끄러움과 안타까움이 교차하는 시점이다.

이러한 안팎의 위기 속에도 우리 원자력계는 주어진 소명을 이어가야 한다. 끊임없는 연구개발을 통해 원자력 발전의 안전성과 효율성이라는 두 마리 토끼를 잡는 동시에, 세계적인 기술력을 앞세워 해외 시장을 개척함으로써 국가 경제 발전에도 이바지해야 한다. 여기에 국민들의 막연한 불안과 궁금증을 정확한 정보 제공으로 해소해 줘야 할 의무가 더해졌다.

다양한 분야의 많은 사람이 원자력에 대한 얘기를 한다. 넘쳐나는 정보 속에 기대와 우려가 공존하면서 대중은 혼란스러울 수밖에 없는 현실이다. 이런 때 한국 원자력계의 산 증인이라고도 할 수 있는 이익환 한국과학기술정보연구원 전문연구위원의 저서가 갖는 의미는 크다고 하겠다. 원자력계의 어제와 오늘, 그리고 내일에 대해 말할 수 있는 자격을 충분히 갖춘 분이기 때문이다. 필자는 한국원자력연구소 원자로 계통 사업 미국 소장을 역임하면서 원자로 계통 설계 기술 자립을 직접 선도했을 뿐 아니라 연구소에서 방사성폐기물 사업본부장으로, 과학기술처의 규제 업무, IAEA 자문위원, 한국전력공사 처장, 한전원자력연료 사장 등 연구계와 산업계, 정부 부처, 국제기구 등에서 두루 활동한 이력의 소유자이다. 40여 년간 원전 설계 및 건설, 방사성 폐기물 관리와 핵연료 생산 등 원자력계의 다양한 분야에 종사하며 원자력의 역사와 현주소를 경험으로 체득한 원자력계 원로의 경륜과 지혜가 담긴 책이라 더욱 소중하고 반갑게 여겨진다.

이 책은 세계 에너지 환경 변화에서 원자력의 역할, 국내 에너지 사정, 원자력 발전 기술, 원자력 연료 기술, 원전 안전성과 방사선 방호 등 국민들이 궁금해할 만한 일반 이슈와 전문 지식을 고루 다루고 있다. 그뿐만 아니라 이제는 더 이상 미룰 수 없게 된 사용후 핵연료 관리 문제와 지속가능성을 높이기 위한 미래 원자력 기술에 대한 전망까지 원자력의 모든 것을 담고 있다 해도 과언이 아니다.

이 책이 원자력 전반을 공부하고 싶은 학생들에게는 좋은 개론서로, 후쿠시마 원전사고 이후 원자력의 현주소와 미래를 정확하게 파악하고 싶은 일반 대중에게는 유용한 교양서로, 현장에서 오늘의 대한민국 원자력을 책임지고 있는 국내 원자력계 종사자들에게는 소장 가치 높은 역사서로 값지게 활용될 것이라 믿는다. 이 책을 통해 원자력의 어제와 오늘을 확인하고 미래를 가늠해 보는 값진 경험을 함께하시길 권한다.

원자력은 우주를 품고

장 인 순 (전 한국원자력소 소장)

아인슈타인의 작품 $E = mC.^2$

수많은 자연과학 방정식 중에서 가장 중요하고 가장 아름다운 공식이라고 감히 말하고 싶다. 예술계에서는 훌륭한 그림이나 음악을 아름답다고 표현하는데, 왜 과학에서는 안 되는가? MIT대학의 월터 레윈(Walter Lewin) 물리학 교수는 그의 저서(*For the love of physics*)에서 뉴턴의 제2법칙($F = ma$)을 물리학 전체를 통틀어 가장 중요한 방정식이라 했다. 이 방정식은 힘을 계산하는 데 놀랍도록 간단하면서 강력한 방법이라는 것이다. 그러면 $E = mC^2$ 방정식은 어떤가? 뉴턴의 제2법칙은 변수(variable)가 2개, 즉 질량과 가속도(m, a)인데 반에, 아인슈타인의 방정식은 놀랍게도 단 하나의 변수(m)만을 가지고 있는데도 우주 탄생의 비밀을 담고 있기 때문이다. 그래서 가장 중요하고 아름다운 방정식이라 할 수 있다. 특히 자연계에서 변하지 않는 상수인 빛의 속도를 제곱(C^2)하고 있어 이는 우주의 질서와 신비를 말하고 있는데, 만일 빛의 속도가 변수라면 우리 우주는 엉망진창이 되었을 것이고, 우주의 신비를 푸는 물리학이나 천체물리학은 존재할 수도 없었을 것이다. 지금도 우주 공간에는 끊임없이 초신성들의 폭발로 수많은 별의 생성과 소멸이 반복되고 있는데, 이런 현상을 설명할 수 있는 유일한 방정식으로서 바로 우주를 창조하고 통제하고 지배하는 법칙이다. 물질과 에너지가 서로 변환될 수 있다는 이 엄청난 사실이 태초에 빅뱅(big bang)으로부터 우주의 탄생은 물론,

우리들의 삶에 필요한 모든 에너지를 공급하는 태양(계)의 존재와 그 실체를 설명할 수 있기 때문이다.

우주에 원자력이라는 에너지가 없었다면 이 거대한 우주 공간에는 생명체가 존재할 수 없다는 사실이다. 원자력이란 원자의 중심에 깊숙이 자리 잡고 있는 극미(10^{-12}cm), 초고밀도(10^{12}g/ml)의 원자핵을 깨뜨려서 말하자면 핵분열에 의해 얻을 수 있는 에너지로 화석 에너지보다 에너지 밀도가 적어도 100만 배나 크다. 그리고 핵분열과 함께 방사선동위원소의 생성은 물론, X선 같은 여러 종류의 방사선을 방출하게 한다. 방사선은 위험하기는 하지만 유용성 또한 무궁무진하다. X선을 포함해 다양한 방사선과 방사성동위원소는 우리 인류의 건강에 기여하고 있고, 향후 방사선 응용 연구와 그 결과물로 인류의 풍요로운 삶에 더욱 기여하게 될 것이다.

에너지가 부족한 삶은 그 자체가 고통이고, 더 나아가 한 국가의 정체성과 독립성을 보장할 수 없는 것이 냉엄한 현실이다. 천연자원은 분명히 한계가 있고 지역에 편재되어 있다. 국민의 삶과 국가 안보에 꼭 필요한 에너지 자립을 위해 에너지 자원 빈국인 우리에게 어떤 선택이 있을까?

1979년 미국의 스리마일 아일랜드(TMI) 원전사고, 1986년 구소련의 체르노빌 원전사고, 그리고 2011년 일본의 후쿠시마 원전사고는 지구상의 많은 사람에게 원자력의 위험성은 물론 원자력발전소를 공포의 대상을 인식하게 만들었다. 문제의 심각성은 많은 것이 잘못 알려지고 있고 과장, 왜곡되고 있다는 사실이다. 위의 세 번의 원전사고에서 원자로형이 각각 다르며 다중방호를 위한 구조물과 안전 여유도가 상이하다는 것이다. 우리나라 원자로형과 같은 TMI 원전은 핵연료 용융사고가 발생했음에도 불구하고 원자로 건물 밖으로의 방사능 누출은 극히 미미했으며, 단 한 명의 희생자나 환경에 영향이 없었다는 것을 말하고 싶다.

왜 사람들은 방사선을 그렇게 무서워만 할까? 아마도 방사선을 가까이 해보지 않았고, 잘 모르기 때문일 것이라고 생각한다. 아주 쉬운 예로 나는 아직도 큰 개만 보면 물릴까봐 겁이 난다. 그런데 개를 훈련시키고 잘 아는 사람은 개를 전혀 무서워하지 않는다. 왜일까? 그 이유는 개의 성질을 알고 다룰 줄 알기 때문이다. 이와같이 핵물질을 많이 다루고 이용했던 사람들은 방사선을 다룰 줄 알기 때문에 핵물질이나 방사선에 대한 공포가 없다. 나는 원자력발전소의 아름다운 돔을 볼 때마다 행복하다. 왜냐하면 불과 30년 만에 무에서 유를 창조한 대한민국의 원자력 기술 자립은 분명히 에너지 자원 빈국인 이 땅의 후손들이 풍요로운 삶을 살아가는 데 크게 기여할 뿐만 아니라, 국가의 존립을 좌우하는 에너지 안보에 큰 역할을 할 것이라 확신하기 때문이다.

문명을 위협하는 최악의 위험은 비이성적인 두려움이라 했다. 인간의 에너지(human energy)는 분명히 원자력의 난제를 하나씩 풀어 인류의 생존을 위협하는 기후 변화를 해결하고 인류의 삶을 풍요롭게 할 것이다.

이 책은 바로 대중들이 공포의 대상으로 알고 잘못 알려진 원자력의 참 모습을 이해하는 데 도움이 될 수 있도록 쉽게 씌어져 일독을 권하고 싶다. 원자력에 대한 바이블이라 할 만큼 원자력의 역사에서 원자력의 빛과 그림자, 원자력 에너지와 방사성동위원소의 다양한 응용, 안전성 확보를 포함한 한국 원자력 산업의 미래 등 가능한 모든 분야를 포함하고 있어, 읽고 나면 원자력 전문가가 될 뿐만 아니라, 우리나라가 원자력을 추진할 수밖에 없는 입장을 이해하게 될 것이며, 원자력이 우리의 풍요로운 삶을 위해 얼마나 중요하고, 특히 원자력의 공포로부터 해방될 것이라고 확신한다. 또한 이 책에서는 원자력의 안전성이 원전 개발에 무엇보다 중요함을 설명하고 있으며, 안전성이 전제되지 않는 한 원자력의 미래도 없음을 강조하고 있다.

원자력 이해에 도움을 주는 지식

박 윤 원 (한국원자력안전기술원장)

원자력을 지속적으로 추진하는 것 대신에 신재생 에너지로 대체할 수는 없을까? 원자력이 경제적인 발전원이라고 하지만 방사성 폐기물 처분 및 원자로 폐기 비용 등이 포함되면 오히려 다른 발전원보다 더 비싸지지 않을까? 후쿠시마 원전사고와 같은 원자력 사고가 우리나라에서 발생하면 어떻게 될까? 우리 생활 주변의 방사선은 얼마나 어떻게 안전하게 관리되고 있을까? 이러한 질문에 대해 원자력 전문가와 정부는 우리나라는 에너지 자원이 거의 없는 관계로 원자력을 이용할 수밖에 없으며, 사고가 있었던 원자로와는 근본적으로 설계가 다를 뿐만 아니라 매우 안전하게 관리되고 있다고 주장한다. 그러나 이러한 주장은 원자력 안전에 대한 국민의 공감과 원자력 이용 개발을 위한 국민의 동의를 이끌어 내기에는 많은 한계가 있다.

원자력에 대한 일반적인 궁금증이지만 너무나 기술적으로, 때로는 너무나 형식적으로 대답해 왔기 때문에 의문 해소에 도움이 되지 못했던 여러가지 질문에 대해 저자는 아주 이해하기 쉽고 명쾌하게 간단한 예를 들어가며 해답을 주고 있다. 아인슈타인의 특수상대성이론에 의해 탄생된 원자력 발전 기술 이야기부터 이승만 대통령의 국내 원자력 도입과 기술 개발 역사, 그리고 최근의 후쿠시마 원전사고의 개요와 교훈 분석을 통한 안전성 강화와 방사성 폐기물 관리까지 광범위한 내용을 상당히 객관적이고 중립적인 견지에서, 최신의 데이터로 설득력 있게 설명함으로써 독자의 이해를 돕고 있다.

최근 후쿠시마 원전사고와 국내의 고리 1호기 정전 은폐 사건을 계기로 원자력은 그 어떤 경우보다도 과학적 사실이 사회적으로 수용되기까지 소통을 위한 노력이 필요함을 실감했다. 당분간 원자력에 대한 논의의 중심에는 '안전'이 있을 것이다. 따라서 지금까지의 기술적 안전성 강화 노력에 더불어 국민과의 소통을 위한 투명한 정보 공개와 진지한 태도 등의 정서적 · 심리적 요소들이 포함된 '공감하는 안전(empathetic safety)'을 위해 노력해야 할 것이다. 그러한 의미에서 이 책은 원자력이 과학에서 벗어나 사회와 소통하며 사회적 공감을 얻는 효과적 소통에 기여한다는 측면에서 원자력 전문가들에게는 사회와 소통하는 법을, 국민들에게는 그동안의 궁금증에 대한 해답을 얻는 유용한 기회가 되리라 믿는다.

원자력은 경제 발전의 견인차

김 기 학 (한전원자력연료(주) 사장)

보릿고개를 넘기는 것이 한 해의 과제였던 1960년대, 초롱불에 의지해야만 했던 마을에 전기가 들어온 것은 일대 혁명이라 할 만했다. 경제 사정이 좋지 못했던 시절이라 당장 전기의 혜택을 크게 누릴 수는 없었지만 전기가 공급됨으로써 우리나라의 경제 발전은 시작되었다고 해도 과언이 아닐 것이다. 부족한 식량의 자급자족과 국가 경제 부흥을 기치로 내건 경제개발 5개년계획과 새마을운동이 본격화되면서 우리나라는 비로소 가난에서 어느 정도 벗어날 수 있었고, 가내수공업에서 중화학공업을 중심 산업으로 전환해 경제 발전을 거듭하게 되었다. 그러나 무연탄 매장량 약간에 불과한 국내 에너지자원만으로는 경제 성장에 한계를 거듭 느낄 수밖에 없었다. 게다가 1970년대 두 차례의 석유 파동을 겪으면서 우리나라는 경제 성장을 위한 에너지 자원 확보의 필요성을 절감하게 되었고, 나아가 에너지가 국가 안보와도 직결된다는 사실을 인식하게 되었다.

국내 첫 원자력발전소인 고리 1호기가 1971년 기공식을 가진 뒤 1978년에 상업 운전을 개시하면서 우리나라는 안정적인 전력 공급을 바탕으로 경제 성장에 가속도가 붙게 되었다. 지속적인 경제 성장 속도에 발맞추어 국가는 전력 공급의 안정화 및 전원의 적정 배분을 위해 원전을 꾸준히 증설하게 되었고, 2012년 현재 우리나라는 23기의 원자력발전소를 가동하고 있는 세계 제6위의 원자력 강국이 되었다. 내면적으로도 대부분의 원자력 관련 기술을 국산화한 데 이어 2009년 말에는 아랍에미리트 원전 4기 건설 프로젝트를 수주함에 따라 세계 여섯 번째로 원전 수출국 반열에 올라섰으며, 조만간에는 모든 분야에서 원자력 관련 원천 기술을 확보하게 되어 향후 해외 원전 건설 프로젝트 수주가 활발히 이루어질 것으로 전망하고 있다.

1970년대 석유 파동 후 40여 년이 흐른 현재, 우리나라는 자동차, 반도체, 조선, 칠강 수출 세계 1위를 자랑하는 경제대국이 되었다. 1970~80년대 우리나라의 비약적인 발전을 두고 외국에서는 '한강의 기적'이라고 말했다. 아직까지도 세계적으로 유일하게 분단된 나라, 국토 면적 세계 109위에 불과한 나라가 이룬 경제적 성과에 대해 세계는 여전히 경이로움으로 바라보고 있다. 이런 경이적 발전의 이면에는 정부 및 국민들의 헌신적인 노력과 아울러 국가 경제의 대동맥이라 할 수 있는 안정적인 전력 공급이 뒷받침되었음은 주지의 사실이다. 나아가 부존자원이 절대적으로 빈곤한 상황에서 국가 총 전력량의 약 35%를 담당하는 원자력 발전의 기여도에 대해서도 절대 간과해서는 아니 된다. 40여 년에 이르는 직장 생활의 전부를 전력산업계에 몸담았던 필자로서는 우리나라의 경제 발전과 전력산업의 발전 과정을 고스란히 옆에서 지켜보았기에 우리나라가 세계 7번째로 20-50 클럽에 가입해 선진국 대열에 들어섰다는 사실에 그 기쁨은 이루 형언할 수가 없다.

아는 만큼 보이고 보이는 만큼 사랑하게 된다고 한다. 일본의 후쿠시마 원전사고 이후 우리나라 국민은 언론의 자세한 보도를 접하면서 대부분 원자력 전문가가 되었다는 말이 회자된 적이 있다. 그런 의미에서 어느 책보다 쉽게 씌어진 이 책은, 학생과 일반인들은 물론 원자력계, 전력산업계에 몸담고 있는 사람들에게도 한국의 원자력사는 물론 미래 청사진을 함께 내다볼 수 있는 폭넓고 훌륭한 원자력 지침서가 되리라 확신

한다. 아울러 이 책으로 인해 더 많은 사람이 원자력에 대해 바르게 알고 관심을 가짐으로써 원자력의 유용성에 대한 국민적 공감대를 형성하고, 원자력 종사자들 또한 사명감으로 원자력 안전에 만전을 기함으로써 앞으로도 원자력 발전이 국가 경제 발전을 견인하는 중심 전원으로서 굳건한 역할을 담당할 수 있기를 바라는 마음 간절하다.

차 례

제 1 장

원자력을 말하다

원자력 산업은 그 국가의 통수권자의 관심에 따라 발전 여부가 달라져 왔음을 지난 경험에서 찾아볼 수 있다. 원자력 주요국들의 통수권자들의 원자력 어록을 살펴보면 그 사실을 확연히 이해할 수 있다.

"화석연료 의존을 감소하기 위해 원자력, 풍력, 태양광 등 청정 에너지 산업에 투자해야" (오바마 미국 대통령)

"녹색성장과 에너지 자립을 위해 2030년까지 원자력 비중을 59%까지 증가" (이명박 대한민국 대통령)

"프랑스 국익이 원자력과 직접 연계" (사르코지 전 프랑스 대통령)

최고 통치자의 어록에 언급된 배경에 대해 조금 짚어보자. 지난 30여 년을 되돌아보면 원자력 개발에 어두운 점이 적지 않았다. 미국은 1979년 스리마일 아일랜드(Three Mile Island: TMI) 원전 중대사고가 발생하고서 오랜 기간 신규 원전 건설이 한 건도 없었다. 사고가 난 뒤 당시 건설 중이던 원전과 운전 직전의 원전까지도 중단한 경우가 발생했다. 전력회사들은 운전 중이던 100여 기의 원전에 대해 안전성을 확보하기 위해 설계 출력보다 낮게 상당 기간 운전했다. 그러면서 중대사고에 대한 대책으로 여러 가지 대안을 연구해 그 결과를 접목해 나갔다. 이러한 노력과 함께 원자력의 바른 이해에 대한 홍보활동도 이어졌다고 본다.

안전성을 우선한 미국의 원전 운전은 운전 경험이 많아질수록 가동률이 상승하게 되었다. 석탄 등 화석 발전과 비교할 때 충분한 경쟁력을 갖게 됨을 전력회사 스스로 확인하기 시작했다. 전력 판매 단가의 원가분석에서 차용금 상환은 물론, 주민에게 부담을 주는 전기료 인하가 시작되는 현실이 발생하면서 원전 부활에 대한 일단의 희망을 갖게 하는 계기가 되었다. 전력회사와 이해당사자들에 의해 신규 원전 재개가 조심스럽게 추진되기에 이르렀다. 여기에 정부의 역할도 중요한데 부시 대통령 때부터 화석연료를 대체할 에너지로서 원자력의 역할을 재정립하기 시작한 것과 현재의 오바마 대통령의 원자력에 대한 강한 지지가 이루어지게 되었다. 궁극적인 목표로 이산화탄소를 줄이면서 화석연료의 대체 에너지원의 개발에 초점을 둔 것으로 풀이된다. 바로 원자력과 신재생 에너지 개발에 초점을 맞춘 것이다.

한편 원자로 전문 공급업체들은 복잡한 인허가 절차를 단순화하여 건설비에 크게 영향을 미치는 건설 공기(工期)를 줄이는 노력을 추진했다. 미국의 경우 규제기관의 인허가 절차에 소비되는 불확실한 일정이 실제 공기 지연의 요인이 되어 왔던 것이다. 원전의 막대한 초기 투자비로 건설 공기에 따른 건설 중 이자가 전체 공사비의 30% 이상을 차지한다는 사실을 볼 때 공기는 원전 건설의 경제성에 직접적으로 영향을 미치는 주요 인자이다. 미국원자력규제위원회(USNRC)는 부지와 직접 연관이 없는 표준설계에 대해 사전 인허가를 함으로써 이 공사의 사전 작업을 하게 할 수 있게 함은 물론, 건설 공사 중 불확실한 공기를 최소화하려는 산업체를 지원해 주었다. 즉, 원자로 공급자의 표준설계를 미리 승인받을 수 있는 사전 설계 인증서(Design Certificate: DC) 절차가 만들어진 것이다. 그리고 종전의 건설 허가와 운영 면허로 되어 있던 2단계 제도를 하나로 묶어 1단계 통합 허가 제도를 구축해 인허가 절차를 간소화했다.

미국에서의 이러한 추세를 한국의 규제기관에서도 상당 부분 받아들였다. 한국은 안전성을 강화하기 위해 독립적인 원자력 안전 규제 조직인 원자력안전위원회를 설립하고 산하에 전문기관인 한국원자력안전기술원을 두어 원자력의 안전성을 확인한다. 안전 확인 전문기관인 한국원자력안전기술원은 한국의 원전 표준 모델인 OPR1000과 APR1400 설계를 사전 승인해 사업자가 원자력 시설을 예측 가능한 범위에서 건설 공기를 관리하도록 했다. 그리고 한국은 건설 허가 이전에 부지에 대해서는 사전 승인 제도를 두어 사업자가 원전 건설의 본공사 이전에도 제한된 공사를 할 수 있게 하고 있다. 공기를 관리할 수 있는 또 하나의 중요한 과정이 아닐 수 없다.

에너지 자원이 거의 거의 없는 한국은 에너지 공급의 96.5%를 외국에 의존하고 있어 안정적인 에너지 공급의 불안, 막대한 외화의 지출은 물론, 화석연료를 태울 때 필연적으로 발생하는 이산화탄소의 감축 문제를 안고 있다. 따라서 안정되게 에너지를 공급할 수 있는 국가 에너지 안보와 함께 경쟁력 있는 에너지의 지속 가능성을 확보하기 위해 대체 에너지가 필요하게 되었는데, 이것이 바로 원자력과 신재생 에너지 개발이라 할 수 있다.

한국에서의 원자력은 매우 의미가 있다. 원자력 개발은 우선 에너지 안보 구축에 그 당위성을 둘 수 있다. 1950년대 당시 한국은 한국전쟁으로 기아에 허덕이는 시기였지만 이승만 대통령은 일부 해외 원조자금을 연구용 원자로 도입과 기술자 양성에 사용했다. 그리고 1970년대 초, 1인당 국민소득(GNP)이 200달러에 불과한 여건에서 경제 개발에 따른 미래의 전력량 확보를 위해 박정희 대통령은 2억 달러에 해당하는 한국 최초의 원전인 고리 1호기를 도입했다. 이러한 국가 통치권자의 혜안이 오늘날 한국이 원자력 선진국이 될 수 있는 기초를 닦아 준 것이며, GNP 2만 달러가 넘는 한국의 고속 성장의 결과는 원자력 산업 성장과 맥을 같이 한다. 경쟁력 있고 값싼 원자력 전기는 경제 개발의 원동력이 되었고, 석유 파동이 나더라도 원전은 전혀 영향을 받지 않고 안정적으로 양질의 값싼 전기를 공급해 오고 있기 때문이다.

한국은 세계에서 이산화탄소 방출 증가율이 세계 상위에 있고 발생량으로는 세계 8위 국가이다. 세계는 1990년도에 발생했던 이산화탄소량으로 환원한다는 교토(京都)협약이 이미 2005년에 발효되었다. 우리나라는 마침 유예 기간이지만 국제협약을 준수해야 하는 입장이다. 온실가스 감축이 경제 개발의 발목을 잡을 수 있어 세계 각국은 초비상이다. 이를 해결하기 위해서는 에너지 효율을 높이면서 이산화탄소 배출이 적은 저탄소 에너지를 사용할 수밖에 없다. 바로 원자력과 신재생 에너지의 개발 및 확충이다. 한국은 신재생 에너지 개발을 위해 원자력 개발 이전부터 많은 투자를 아끼지 않았고, 현재 연 9,000억 원에 이르는 막대한 연구개발비가 투입되고 있지만 아직도 기존 에너지원과 경쟁에서 크게 뒤지고 있고 현실적인 도입까지는 시간이 걸리기 때문에 당분간은 원자력의 역할에 기대를 걸 수밖에 없다. 정부는 2030년까지 전력의 원전 점유율을 현재의 31% 선에서 59%로 높인다는 계획이다.

한편, 프랑스의 원자력 역사는 도전의 역사라 할 수 있다. 프랑스의 원자력은 당초 영국이 개발한 가스냉각원자로(GCR) 기술로 시작되었다. 그리고 얼마 지나지 않아 미국의 웨스팅하우스 기술인 가압경수로(PWR)를 받아들였다. 영국 기술인 가스냉각원자로 기술을 포기하고 미국의 가압경수로 기술을 바탕으로 기술 개발을 시작한 것이다. 기술 자립에 따른 기술소유권 분쟁으로 웨스팅하우스사와 오랫동안 논쟁을 해야 했다. 현재는 미국 기술을 바탕으로 기술적으로 독자적 위치에 이르게 되었다. 국가의 장기 원자력 건설계획에 따라 표준 모델을 지속적으로 개선해 그때마다 복제 설계, 건설을 추진해 나갔다. 당연히 경제적으로 건설할 수 있었는데 한마디로 프랑스의 원전 설계는 매우 치밀하다고 할 수 있다. 좁은 공간에 이동 동선을 최적화했는데 이는 운전 보수를 용이하게 할 뿐 아니라 건설비를 낮출 수 있는 요인이 되었다. 우리나라의 울진 1, 2호기가 프랑스 설계이다. 프랑스는 끊임없이 신기술을 개발해 새로운 원자로를 설계함으로써 원전 종주국인 미국과 함께 세계 원전시장을 석권해 나가고 있다. 프랑스의 드골 대통령은 전후 복구에 국가 개발 매개체로 원자력 개발을 국책 프로젝트로 결정해 전쟁으로 폐허가 된 프랑스를 가장 성공적으로 복구시켰다. 그리고 프랑스의 직전 통수권자인 사르코지 대통령은 원전 세일즈맨으로 널리 알려져 있다. 중국, 핀란드, 인도를 포함해 원전 종주국인 미국에까지 프랑스 설계인 EPR 수출에 심혈을 기울였다. 더욱이 EPR의 영국 수출은 거의 확정적이다. 영국과 프랑스는 역사적으로 경쟁 관계에 있음을 역사는 말하고 있지만 적어도 원전 기술에서는 영국이 프랑스 기술을 받아들이지 않을 수 없게 되었다. 원전시장에서는 프랑스가 영국 본토에 상륙하고 있는 것이다. 사르코지 대통령, 바로 그의 철학 "프랑스 국익이 원자력과 직접 관계" 된다는 표현을 상기할 필요가 있다.

일부 환경단체나 비평가들은 원자력이 환경적이지 못하다고 얘기한다. 전통적인 화석연료의 막대한 양이 우라늄의 채굴과 정련 과정에 사용되기 때문에 이로 인해 이산화탄소가 발생하게 되며 육중한 콘크리트 원자로를 건설하고 핵반응 과정에서 생성되는 유해 방사성 폐기물은 운송, 저장하는 데 사용되기 때문이라 주장한다. 또한 우라늄을 농축하는 과정에서 불화가스의 상당량이 방출된다고 주장한다.

이 주장의 허실에 대해 알아보기로 한다. 우선 주장하는 내용 자체가 완전히 틀린 것은 아니다. 우라늄 굴착 과정에 사용되는 고전적 방법에서 이산화탄소가 발생된다. 그리고 육중한 콘크리트 건물의 원자로를 건설하는 것도 틀린 말이 아니다. 그리고 농축 과정에서 6불화우라늄으로 변형해 농축하니 이 또한 내용은 옳다. 그러나 그 양을 침소봉대해 이야기하는 데 문제가 있는 것이다. 에너지원별로 계산해 보면 사실과 너무 다르다는 것을 알 수 있다. 국제원자력기구(IAEA)를 포함해 여러 국제기구에서 발표한 전력량 단위인 kWh당 이산화탄소가 얼마나 발생하는지를 그램(g) 단위로 살펴보자. 가장 많이 발생하는 에너지원은 단연 화석에너지이다. 이 중 석탄은 991g으로 가장 많이 배출하며, 다음은 석유로 782g이고, 우리가 깨끗한 에너지로 알고 있는 천연가스는 549g이며 원자력은 10g이다. 원자력 자체는 핵분열에 의해 발생하는 열을 이용하기 때문에 이산화탄소가 전혀 발생하지 않지만 우라늄을 채굴하는 등 일부 간접적인 탄소 발생을 환산하면 석탄 대비 약 1%가 발생할 따름이다. 따라서 지구온난화를 방지하기 위한 UN 산하의 기후변화 당사국회의(IPCC)의 목표를 달성하기 위해서는 원자력과 같은 청정 에너지를 사용할 수밖에 없다. 일부 주장은 현재의 우라늄을 모두 사용하고 나면 품위가 낮은 우라늄을 사용해야 하는데, 이를 채굴하기 위해서는 더 깊은 데까지 파고 들어가야 하기 때문에 이산화탄소가 엄청나게 많이 발생한다는 그들의 주장도 같은 논리이다. 예를 들어 현재보다 두 배가 발생한다 하더라도 원자력의 경우는 kWh당 20g에 불과하기 때문에 거의 무시될 수 있는 수치이다. 따라서 원자력이 가장 환경적이고 깨끗한 에너지이다.

육중한 원자로 건물은 방사성물질 및 방사선의 방출을 차단하는 다중 방호시설이다. 이는 원전 수명을 다하게 되면 제염을 하여 깨끗하게 콘크리트 구조물에 재활용할 수 있다. 물론 제염으로 인해 발생한 방사성 폐기물은 규정에 따라 처리 처분해 종래의 원전 시설은 원래대로의 환경으로 복원될 수 있다. 농축 공정에 사용한 6불화우라늄은 핵연료 가공 시에 이산화 우라늄으로 재변환되어 핵연료로 가공되고 부산물인 불소는 재활용되고 있어 문제가 되지 않는다.

일부 원전 반대론자들은 원자력발전소를 무리하게 운전하지 않아도 방사성물질 및 방사선을 대외에 방출하며 원전에서 관례적으로 매년 수십만 퀴리의 방사성 기체와 다른 방사성 원소들의 방출을 법적으로 허용하고 있다고 주장한다. 또한 이로 인해 인근 주민과 이 이후 세대에게 암과 백혈병 같은 유전적 질병을 일으킬 수도 있는 물질들이 포함되어 있다고 말한다.

정상적으로 운전 중인 원전의 경우, 인근 주민이나 근무 직원이 암 등에 걸릴 가능성은 전혀 없다. 원전은 운전 유지를 위해 보수를 하게 되는데 이때 입었던 의류 등 옷가지와 사용한 장비는 오염 제거를 하게 된다. 그리고 교체된 부품이나 폐필터 등은 폐기물로 별도로 보관해 영구 처분한다. 좀 더 자세히 설명하면 발생한 액체 폐기물은 필터 등으로 폐기물을 제거한 후 방사능 농도를 측정해 안전을 확인하고 희석해 방출한다. 또한 건물의 환기 공기도 같은 방법으로 확인한 후 대기로 방출하게 된다. 방출될 수 있는 방사선의 양은 엄격하게 국제방사선방어협회(ICRP) 및 국내 법규의 기준치 이하로 방출하게 된다. 역설적이기는 하지만 원전에 가장 가까이 매일같이 근무하는 전력회사 직원이 가장 방사선에 가장 많이 노출되어 있다고 말할 수 있다. 그러나 우리나라의 경우, 1만

명이 넘는 현장 직원 중에 어떠한 유전적 질병을 일으킨 직원은 아직 한 명도 보고된 적이 없다. 즉, 원전 사업자는 관련 규정과 기준에 의거 방사성물질과 방사선을 철저히 관리하고 있다.

다음과 같은 주장을 하는 사람도 있다. "원자력은 터무니없이 비싸고 믿을 수 없는 것으로 악명이 높다. 미국의 경우 의회가 2005년 에너지 법안을 의결하면서 130억 달러를 보조금으로 배분해 원자력 산업을 소생시키려 하고 있고, 설상가상으로 우라늄 자원은 한정되어 있어 전 세계의 전력산업을 원자력으로 교체한다면 단지 9년 사용량에 그친다고 강조한다. 원자력 경제성에 계산되지 않은 원자력 에너지의 비용, 즉 우라늄 채광과 제련, 제분 공정, 전환, 농축, 원자로 건설, 원자로 폐로와 해체, 정화 등이 포함되어 있지 않다."라고 주장한다.

원자력 산업의 경제성은 지역별로 국가별로 차이가 있을 수 있다. 그 나라의 산업 인프라, 경제 규모 및 구조, 그리고 규제 법규 등 인자들과 밀접한 관계가 있기 때문이다. 이는 원자력을 처음 도입하고자 희망하는 국가이면 또 다른 추가 비용이 필요하다. 전문 인력의 구축과 규제 인허가 인프라까지 구축해야 하므로 추가 비용이 소요될 수 있다. 소요 인력 및 자재, 기자재 제조 능력 등의 인프라 요건이 나라마다 다를 수밖에 없다. 예로서 소요 인력 비용이 전체 투자비의 상당 부분을 차지하므로 인건비가 높으면 건설비도 높아진다. 건설비에서 건설 중 이자가 큰 몫을 차지하므로 공기를 짧게 할 수 있다면 더욱 경쟁력을 높일 수 있다.

원자력 발전 건설비가 화석 발전에 비해 비싸기 때문에 경제성 측면에 경쟁력이 떨어질 것으로 보는 시각이 있는데 이는 사실이 아니다. 건설비 자체가 화력발전소에 비해 원자력이 높다는 것은 사실이다. 그러나 수용자가 지불하는 전기료는 발전 단가에 근거하는 데 발전 단가는 원자력이 저렴하다. 발전 단가의 계산은 원전과 화력 발전의 전체 운전 기간을 모두 고려해 현재 가격으로 환산하여 계산한다. 발전 단가는 자본비, 연료비, 운영유지비로 구성되어 있다. 원자력 발전의 연료비는 전체 전력 생산 단가의 10~12%에 불과하다. 그러나 화석 발전의 연료비는 발전 단가가 비싸기도 하지만 연료비가 60~80%에 이른다. 원자력의 경우 연료비가 두 배 상승해도 생산 단가에 큰 영향을 주지 않는다. 원전 운영유지비에서 원자력이 화석연료에 비해 비싸지만 연료비가 결정적으로 저렴해 전체적으로는 원자력이 경제적인 결과를 가져온다. 한국의 경우, 전력 생산의 발전 단가를 비교해 보면 원자력은 kWh당 39원에 불과하지만 연료비가 전체의 80%까지 차지하는 가스 발전의 경우 원자력에 비해 4배가 비싸다. 특히 원전의 발전 단가인 39원/kWh 내에는 외국에서 구매하는 우라늄 농축을 포함한 우라늄 가격뿐 아니라 농축 우라늄 이전의 공정인 채굴, 제련, 제분 공정, 전환 등에 소요되는 비용도 포함되어 있다. 또한 방사성 폐기물 관리 및 처리 비용, 원자로의 폐기 등이 모두 발전 원가에 포함되어 있는 것이다.

미국 등 다른 국가에서도 원자력이 경제성이 높은 것으로 보도되고 있다. 한편, 한국에서 석탄화력은 kWh당 60원대이지만 CO_2를 많이 배출하므로 향후 탄소거래세가 적용된다면 석탄 발전의 발전 단가는 더욱 높아질 것이다. 이미 서구 및 선진국에서는 CO_2 1톤 당 약 25유로달러 수준의 탄소거래세가 부과되고 있다. 그리고 자원 측면에서 사용후 핵연료를 재활용하게 되면 5,000년 이상 사용할 수 있게 되어 자원문제는 없어진다.

원자력 발전을 원자폭탄 제조 공장으로 말하는 사람도 있다. 즉, "1000MW급의 원전은 1년에 500파운드의 플루토늄을 생산하는 데 하나의 원자폭탄을 만드는 데는 고작 10파운드가 필요할 뿐이다. 조잡하게 만든 원자폭탄 1개로 도시 하나를 황폐화시킬 수 있다. 원전을 임의로 확보하고 있는 국가는 원자폭탄을 만들 수 있는 능력을 보유한 것이나 다름없다."고 주장한다.

사실 원자력의 평화적 이용을 목적으로 하지 않고 군사용으로 이용하려는 단체나 국가가 있다면 매우 경계하고 철저히 이를 저지해야 할 것이다. UN 산하의 IAEA는 원자력을 이용하고 있거나 이용하고자 하는 국가와는 핵확산방지조약(NPT)을 체결하고 있다. 그러나 이 조약의 체결을 꺼려하는 부류의 국가가 있음은 안타까운 일이 아닐 수 없다. 북한과 같은 국가가 일례이다. 또한 이란도 심도 있게 관찰하고 있는 국가로 알려지고 있다. 북한은 IAEA의 NPT조약을 체결한 바 있지만 체결과 탈퇴를 반복했고 현재는 탈퇴한 상태이다. 그리하여 그들은 군사용 핵무기 핵실험을 두 번이나 강행함으로써 국제 원자력 분야뿐 아니라 국제사회로부터 비난을 받고 있다. 그러나 대부분의 국가는 핵확산 방지를 위한 국제협약에 가입하는 등 핵 확산 노력을 추진하며 원자력을 평화적으로 이용하려 한다.

원전을 운전할 때 핵분열 과정에서 자연에 없던 플루토늄이 발생한다. 플루토늄은 핵분열성 물질로 핵연료로 사용할 수 있어 아주 유용한 물질이다. 플루토늄을 핵연료로 사용하기 위해서는 사용후 핵연료를 재처리해야 하는데 고순도 플루토늄은 핵무기 연료로 사용할 수 있어 핵확산 방지에 각별한 관리가 필요하다. 이러한 관점에서 최근 핵확산 저항성을 가진 최신 기술의 개발이 눈을 끈다. 사용후 핵연료를 습식 재처리 공정을 거치지 않고 건식 재처리의 공정을 택하면 순수 플루토늄만을 추출하지 않고 다른 고준위 방사성 폐기물과 플루토늄을 혼합한 형태로 추출해 이를 고속로의 핵연료로 태우고 고준위 방사성 폐기물은 중/저준위 방사성 폐기물로 변환한다는 논리의 기술이다. 불순물 플루토늄이므로 핵무기 제조가 불가능하다. 이 기술을 파이로 공정(pyroprocess)이라 하는데 고속증식로 개발과 함께 2030년을 실용화 목표 연도로 추진하고 있다. 따라서 핵무기의 연료로 사용되는 플루토늄과 원전의 핵연료로 사용되는 플루토늄/우라늄 혼합 핵연료(MOx)는 다른 것이기 때문에 원전을 원폭과 같이 비교하는 것은 옳지 않다.

그린피스(Greenpeace)는 "원자력에 소요되는 막대한 재원을 돌려 신재생 에너지를 개발하면 그만큼 화석연료의 대체 에너지로서 역할을 할 수 있다."고 주장한다.

원자력을 포함해 저탄소 에너지원으로 신재생 에너지원인 풍력, 태양광 에너지, 수력, 바이오 에너지 등이 있다. 우리나라의 현재 신재생 에너지 공급은 전체 에너지 수요의 약 2%에 불과하다. 저탄소 녹색성장의 기조에서 정부의 적극적인 지원 하에 2020년까지 11% 이상으로 끌어올린다는 목표로 막대한 예산을 지원하고 있다. 이러한 정부의 적극적인 지원에도 목표 달성에는 어려움이 있다. 첫째는 기술 개발의 현주소로서 세계의 공통적인 현안이다. 이 기술은 아직도 개발 중이며, 특히 한국은 신기술을 접목하는 단계에 있어 시간이 다소 걸릴 것이다. 둘째는 기후 환경에 좌우되는 에너지원이다. 인도네시아, 말레이시아 등 적도 근방의 지대에서는 태양광 에너지가 매우 우수하다. 그러나 한국은 북위 36도 지역으로 좋은 지대는 아니다. 풍력의 경우도 좋은 여건의 풍속을 가진 지역이라 할 수 없다. 해상에 건설되는 해상 풍력의 경우는 풍속은 어느 정도 좋은 상태이지만 건설비가 상대적으로 비싸다. 수력은 시설 규모상으로는 전체 전력의 약 2% 이상 되지만 댐의 물은 거의 농업수 및 식수로 사용되어 발전은 극히 제한적이다. 소수력(小水力)의 개발도 대상이지만 대용량의 전력을 얻지 못한다. 이런 신재생 에너지는 기후 및 날씨 조건과 온도에 따라 가변적이기 때문에 에너지의 연속성이 결여되는 결정적인 단점이 있다.

예를 들어보자. 재생 에너지 기술이 가장 발달하고 실제 전체 전력의 약 17%를 공급하고 있는 국가는 독일이다. 그러나 전체 전력량의 20% 이상을 공급하기 위해서는 여러 가지 어려운 점이 해결되어야 한다. 신재생 에너지를 사용, 안정적인 공급을 지속적으로 할 수 있으려면 전력 공급의 간헐적 특성을 해결해야 하고 전력의 저장 문제를 해결해야 한다. 풍력은 바람이 불지 않으면 발전이 불가능하고, 태양광 발전은 눈이나 비가 오면 불가능하고 밤에도 그러하다. 따라서 간헐적 특성 해결이 가장 큰 현안이다.

따라서 양질의 전력 공급과 필요한 최적의 전력을 생산해야 하며 값진 공산품을 생산해야 하는 우리나라로서는 에너지의 지속 가능성과 에너지 안보를 위해 최소한의 안정적이고 양질의 전력이 확보되어야 하는데, 현재로서는 아직 신재생 에너지 공급에 앞서 당분간 원자력에 의한 전력의 안정적 공급이 우선 필요하다.

제 2 장

국내외 에너지 환경과 원자력의 평화적 이용

1. 에너지의 역사

우리 인류의 에너지 이용 역사는 바로 인류 발달 역사와 같이하고 있다. 인류 탄생과 함께 인류의 에너지 사용은 원시인이 갖고 있는 자신의 힘이었다. 싸워서 누가 이기느냐에 따라 종속 관계가 자연스럽게 이루어졌다. 에너지는 근육 자체였다. 싸워서 힘이 약한 종족은 지구상에서 영원히 없어지기도 했다. 약육강식(弱肉强食)의 역사가 시작된 것이다.

그러나 도구를 쓰기 시작하고 채집사회에서 수렵사회로, 또 농경사회로 전환됨에 따라 그 사정이 크게 달라졌다. 좋은 장비와 도구를 이용하고 머리가 좋고 지혜가 있는 자들이 생산성을 높이고 싸움에서 이기게 된다. 이러한 가운데 불의 발견은 또 한 차례 큰 변화를 가져왔다. 불을 잘 이용하는 자가 승리자가 되는 것이다. 그 당시에는 화력(火力)의 동원 능력이 바로 가장 강한 자를 만드는 힘이었다. 화력은 바로 에너지의 상징으로 자리 잡았고, 화력 동원 능력과 장비 및 도구의 발전이 자연스럽게 이루어지게 되었다. 이것이 바로 전쟁의 도구가 되었다. 제1차 세계대전 및 제2차 세계대전의 결과를 보면 화력의 집중력에 의해 그 결과가 판가름났었다.

한편 1795년 영국의 제임스 와트(James Watt, 1736-1819)의 증기기관 발명은 당시 수공업을 산업화사회의 발달로 이끌면서 에너지의 과학적 이용이 산업에 접목되었다. 산업혁명을 이끈 영국은 다른 나라의 리더로서 국제 경제를 이끌어 갔으며 산업혁명을 유럽 전역에 파급시켰다. 독일은 풍부한 석탄 자원의 바탕에다 정부의 강력한 지원으로 제철, 기계, 화학공업을 크게 발전시켜 20세기 초 최대의 공업국으로 성장해 영국과 경쟁했다. 한편 19세기 후반 제2차 산업혁명이라 할 수 있는 화학, 전기공업의 새로운 산업 분야가 개척되었다.

에너지의 가장 위대한 발견은 전기 에너지라 할 수 있다. 물리학자이자 전기학자인 샤를 오귀스탱 드 쿨롱(Charles Augustin de Coulomb, 1736-1806)은 전기력과 자기력 측정의 연구에서 두 대전(帶電)한 물체의 힘은 두 전하량(전기량)의 힘에 비례하고 거리에 반비례한다는 상관 관계를 정립한 쿨롱 법칙을 발견했다. 이를 시작으로 이태리의 볼타(Volta, 1745-1827)는 두 금속의 접촉에서 전류가 흐름을 발견하고 화학전지를 발명했다. 독일의 게오르크 옴(Georg Simon Ohm, 1789-1854)은 전류, 전압 및 저항과의 상관식을 만들어 전류는 전압에 비례하고 저항에 반비례한다는 옴의 법칙을 만들었다.

현실적으로 가장 중요한 발명은 1879년의 미국의 토머스 에디슨(Thomas Alva Edison, 1847-1931)의 백열전구의 발명일 것이다. 현대 전기 이용의 길을 열었고, 그가 1879년 10월 21일 성공한 탄소 필라멘트 전등을 기리기 위해 10월 21일을 전기의 날로 정했다. 우리나라는 8년 후인 1887년 3월 6일 고종황제가 경복궁에 전등을 밝힌 바 있다.

최초의 상업발전소는 1881년 가동한 뉴욕중앙발전소이다. 이 발전소

고종황제가 1887년 3월 6일 경복궁에 처음 전등을 밝힌 장면

의 송전은 직류식이었고 먼 곳에 전기를 보내면 전압이 떨어지는 단점이 있어 도시에 건설해 이를 보완한 것이다. 전력 효율을 높이고 수송 문제를 해결하기 위해 교류 송전이 실용화되어 오늘에 이르렀다. 물론 더 많은 전력을 수송하고 손실률을 줄이기 위해 고압송전선이 개발되고 있다. 우리나라는 34만 5천 볼트(volt)에서 나아가 75만 4천 볼트의 초고압 송전선로를 이용한다. 전기 손실을 줄이기 위함이다.

발전 방식은 여러 가지가 있지만 1970년대 석탄 및 유류발전소가 대종을 이룬 적이 있다. 그러나 1973년 등 몇 차례 유가 폭등을 경험하면서 유류발전소 대신 석탄과 LNG발전소, 그리고 수력과 원자력발전소로 변화했다. 자원이 빈약한 우리나라는 석유 파동에 따른 대체 에너지로 원자력 발전을 적극적으로 이용하는 원자력 산업국가가 되었다. 원자력의 이용은 가장 경쟁력이 있으며 수입 에너지의 해외의존도를 줄이는 한편 온실 감소 감축에 그 목표를 두고 있다고 하겠다.

2. 세계 에너지 환경 변화

현재 세계 인구는 65억 명으로 추정되는데 이 중 16억 명은 지난 20년간 증가한 결과이다. 인구증가율은 감소하는 경향이지만 전체적으로 증가해 2050년에는 약 80~90억 명이 될 것으로 예측하고 있다. 인구의 증가와 실질소득의 증가로 에너지 사용은 지속적으로 증가할 수밖에 없는 실정이다. 특히 중국, 인도 등 신흥 경제 개발 국가를 중심으로 급격하게 증가할 것으로 보인다.

따라서 전반적인 에너지 수요 증가, 기후 변화 대책의 온실가스 감축 등이 세계 에너지 환경 변화에 주요 현안이 될 수 있다. 따라서 나라마다 에너지 안보 대책이 가장 중요한 정책 기조가 되고 있다. 2009년 말 덴마크의 코펜하겐에서 개최된 기후변화 당사국회의(IPCC) 결과는 종전에 비해 진일보한 점이 있지만 지속 가능한 에너지 체제를 구축하는 데는 미흡했다고 평가받고 있다. 향후 2050년까지 지구 온도 상승을 2℃ 한도 내로 유지한다는 목표를 수립하고, 온실가스 배출을 450ppm 이내로 해야 한다는 데는 이의가 없었지만 실행 방안에 대해서는 개도국과 선진국의 합의가 만족스럽게 이루어지지 못하고 있다.

한편 국제에너지기구(IEA)의 2010년도 세계 에너지 전망에 의하면 2035년까지의 에너지 수요는 현재 대비 약 36% 증가할 것으로 추정하고 있다. 이는 종전 시나리오에 비해 조금 낮은 수치이다. OECD 국가는 대체로 에너지 절약운동과 함께 탄소거래 비용, 저탄소 에너지 사용의 정책 변화에 따라 화석연료 억제 효과가 나타났으나 중국 등 신흥 개발도상국에 의해 크게 증가한다는 내용이다.

에너지 수급상에서 제한된 자원에 의해 공급 불안이 가중될 가능성이

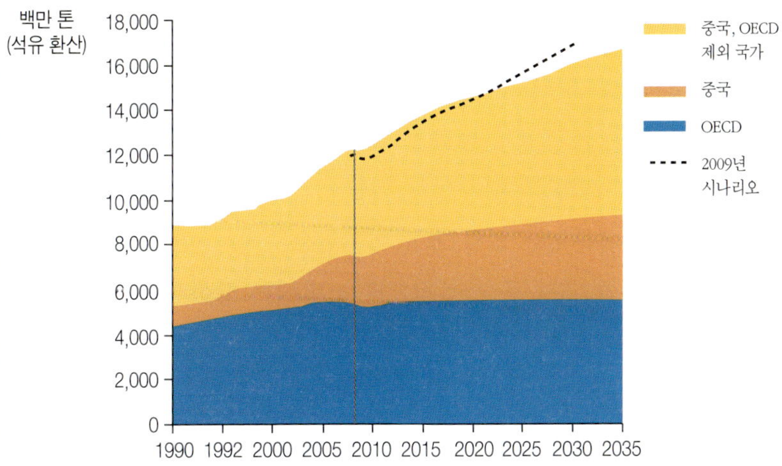

출처: World Energy Outlook(IES, 2010.11).

[그림 2-1] IEA 시나리오의 세계 에너지 수요 추정

제기되고 있다. 석유 공급은 이미 최고 생산량 시점이 2006년에 지나간 것으로 평가되고 있으며, 이로 인해 석유 수급 체계가 가스나 석탄으로 이동하는 경향이 나타나고 있다. 그렇지만 석유 가격은 2009년 배럴당 120달러에 육박했고 현재는 세계 경제 불황의 영향으로 100~110달러 선에 머물고 있지만 향후 예측은 유동적이라 할 수 있다. 제한된 자원 매장량으로 가격이 떨어질 가능성은 많지 않다. 가스 및 석탄의 수요량이 증가하겠지만 이산화탄소 방출에 따른 규제로 인해 저탄소 에너지 사용 기술이 점진적으로 도입될 수밖에 없을 것이다.

그 대안이 원자력과 신재생 에너지의 사용이며, 한편으로는 OECD 국가를 중심으로 한 저탄소 발생 기술인 석탄의 탄소 포획 저장(CCS) 기술의 개발이 그 대상이다. 어떻든 현실적으로 석탄과 가스는 에너지 수급

에 당분간 주력으로서 역할을 담당할 수밖에 없을 것이다. 신재생 에너지는 전력 부분에서 크게 증가해 2035년에는 현재에 비해 3배로 증가할 것으로 추정되는데 수력과 풍력 발전이 주력이 될 것으로 보인다.

원자력 발전은 전 세계의 현안인 지구 환경 변화에 따른 온실가스 방출의 감축 노력과 맞물리면서 이의 역할이 돋보이고 있다. 원자력 발전은 발전 방식이 핵분열에 의한 열을 이용함으로써 이산화탄소의 배출이 없다. 다만 우라늄 채광 등 간접적으로 소비되는 화석연료 연소를 고려해야 하지만 이는 석탄발전소에서 발생하는 이산화탄소의 양에 비해 무시할 정도이다.

세계의 거의 모든 국가가 온실가스 배출 규제 국제협약인 기후변화협약에 서명했고, 이 협약은 2005년 발효한 상태이다. 유럽 및 일본 등 선진국은 과거 2008년부터 2012년 말까지 1990년에 발생했던 이산화탄소 발생량보다 5.4%를 더 감축하기로 합의한 바 있으며, 다른 국가들은 온실가스 발생 및 감축계획을 UN기구에 주기적으로 보고하고 있다. 그동안 유예되어 온 우리나라의 경우도 곧 규제 대상이 될 수밖에 없을 것이다. 탄소 거래에 대한 기본법이 국회를 통과해 입법화되었으며 관련 시행규칙 등을 마련 중이다.

원자력 발전의 개발을 강력하게 추진하고 있는 우리나라는 1차 에너지 구성비를 현재의 약 12.2%에서 2030년에는 27.8%까지 증가시킨다는 것이 정부 방침인데, 이는 전력 생산의 59%를 원자력으로 충당한다는 뜻이 된다. 원자력의 개발은 이산화탄소 배출량을 줄이는 데 가장 큰 기여를 하겠지만, 원전 발전 단가에서 외국에 의존하게 되는 비용은 약 10%에 국한되어 나머지 90%는 국내 가용자본이므로 해외 지출 에너지 구입비용을 크게 줄일 수도 있다. 원전의 해외 의존 비용인 약 10%는 바로 핵연료 구매 비용이다. 에너지 자원이 빈곤한 우리와 비슷한 환경의 프랑스는 원자력이 전체 전력의 75% 이상을 점유해 전력의 안정적인 공급을 주도하고 있고, 피크 시간의 남는 전기는 이웃인 이태리와 벨기에 등에 판매하고 있다. 에너지 안보와 지속 가능한 전력 공급 목표를 달성하면서 최대한 대외 의존도를 줄이고 있는 것이다.

한국은 2011년 연간 에너지 수입에 1,720억 달러의 외환을 사용했는데 이는 우리나라 전체 수입 금액의 32%에 해당된다. 통계에 따르면, 한국의 해외 에너지 의존도는 96.5%이다. 그 중 원자력이 약 12.2%에 해당하여 해외 의존이 거의 없는 원자력을 준(準)국산 에너지라 분류하면 약 84%의 에너지를 해외에 의존하게 된다. 따라서 에너지 해외 의존도를 감축하는 방안의 하나는 더욱 원자력 개발을 확장하는 것이다. 2030년을 목표로 원자력을 전체 에너지 수요의 약 30% 수준으로 높인다면 수입 에너지 비용을 대폭 줄일 수 있다.

3. 원자력의 평화적 이용에서 또 다른 위기

과거를 되돌아보면 미국의 스리마일 아일랜드(Three Mile Island: TMI) 원전과 구소련의 체르노빌 원전사고는 세계 원자력 산업에 어려움을 가져다 준 게 분명하다. 1978년의 TMI 원전사고가 발생하면서 미국에는 얼마 전까지 한 건의 신규 원전도 건설되지 못했다. 이 원전사고는 원자로 내의 핵연료가 용융된 중대사고였지만 원자로 외부로 방출된 방사성물질이 거의 없어 방사성물질이나 방사선에 의해 주민이나 환경에 영향을 주지 않았다. 물론 우리 모두가 알고 있듯이 발전소 자체는 폐기되었다. 그리고 1986년에 발생한 체르노빌 원전사고는 사고와 동시에 현장 사망자가 31명으로 발표되었고, 인근에 살던 많은 주민이 방사성물질과 함께 방사선에 피폭되어 오랜 기간 고생했다. 히로시마 원폭 때와 같은 정도의 피해가 있었다는 말도 있지만 정확한 통계가 없다.

이러한 사고를 경험하면서 원전 안전성에 대한 불감증에 관한 경각심이 대두되었고, 이에 대한 후속 조치가 규제기관의 대응으로 적법하게 이루어졌으며, 사업자의 많은 투자가 이루어지면서 결과적으로 안전성 제고에 기여한 것으로 평가된다. 이와 함께 2000년대에 들어오면서 기후변화협약 발효에 따른 지속 가능한 에너지 확보와 에너지 안보를 달성하기 위한 대책으로 원자력의 역할에 많은 관심과 기대를 걸게 되었다. 즉, 제2의 원자력 르네상스 시대가 열리는 듯한 분위기가 이루어졌고, 이러한 분위기를 이끌고 있던 국가는 단연 아시아의 중국과 인도 등 신흥 경제개발 국가들이었지만 미국 및 유럽도 한몫하고 있었다. 그러나 지난 2011년 3월 11일 발생한 일본의 후쿠시마 원전사고는 세계의 제2 르네상스 부흥기를 한순간에 위축시키는 데 큰 영향을 주는 것이 아닌가 하여 관련 국가들이 긴장하기도 했다. 그럼에도 지속적으로 원전 확대 정책을 돋보이게 고수하고 있는 국가는 단연 우리와 이웃하고 있는 중국이다. 현실적으로 경제 개발에 비해 원전 개발이 한 발 늦었던 중국은 현재 15기의 원전 가동에 불과하지만 2020년까지 50기 이상의 원전을 건설하기 위해 동시다발적으로 원전 건설에 박차를 가하고 있다. 중국 등 원전 건설에 관심이 많은 국가는 일단 추진에 무게를 두고 있지만 전반적인 흐름에서 보면 시간이 좀 더 필요할 것으로 전망된다.

일본의 후쿠시마 원전사고는 근본적으로 기술적 문제 또는 인재(人災)에 의한 사고는 아니었다 하더라도 자연재해에 대한 가능성을 다 열어놓고 대책을 강구하지 않았다는 측면에서 결론적으로 인재라는 논란이 일고 있다. 어떠한 심각한 사고에서도 인류와 환경에 영향이 없도록 설계, 운전되어야 하는 원자력발전소의 기본 개념이 무너졌기 때문인데, 이러한 관점에서 보면 향후 철저한 대책이 수립되지 않는 한 원자력의 미래는 어둡다고 하겠다. 안전성에 대한 확고한 대책이 보장된다는 조건에서 향후 원전사업의 발전을 기대할 수 있는 것이다. 사고 당사자인 일본은 엄청난 충격과 후유증을 겪고 있으며 피해 자체도 컸다. 일본은 세계에서 원폭에 의한 피해를 입은 유일한 국가이지만 이를 극복하고 원자력 발전의 선진국이 된 국가이기 때문에 그 충격도 컸던 것이다. 이에 따라 앞으로 수립될 일본의 장기 원자력 정책에 여러 나라가 관심을 가지고 지켜보고 있다.

4. 국내 에너지 사정

우리나라의 에너지 소비를 에너지원으로 대별하면 석유가 38.6%로 가장 높고, 다음이 석탄, 가스, 원자력이다. 신재생 에너지는 전체의 2%에 불과하지만 대부분이 수력이다. 이러한 에너지 소비 형태에 에너지 공급은 96.5%를 외국에 의존하고 있다. 에너지 관점에서 세계 속의 한국은 어떤 위치일까? 한국은 세계 10위의 에너지 소비국이며, 석유는 세계 7번째로 소비하는 국가로 분류된다. 이와같이 석유 소비 의존도가 높으며 특히 석유 수입의 87%를 중동에 의존하고 있어 중동의 불안 요소는 바로 한국의 에너지 안보에 영향을 주게 된다. 외국에 에너지 의존도가 극히 높은 한국은 연간 에너지 수입액으로 총 수입액의 32%에 해당하는 약 1,720억 달러의 외환을 외국에 지급해야 한다. 국내 에너지라 할 수 있는 수력 시설 용량은 2%이지만 강수량이 적고 댐의 물을 주로 농사 및 식수로 사용하기 때문에 전체 전력 생산은 1%를 넘기지 못하고 있다. 신재생 에너지는 향후 2030년까지 11%를 목표로 하고 있다.

에너지의 소비 부분을 크게 나누면 산업 부문이 가장 높아 60.2%를 차지한다. 다음은 가정과 상업(18.9%)이며, 그리고 수송(18.5%)의 순이다. 한국은 산업 활성화로 외국 수출을 지향하는 수출지향국이기 때문에 산업 부문에서 가장 에너지 소비를 많이 할 수밖에 없다. 정부는 현재 에너지의 소비 형태에서 좀 더 이산화탄소를 저감하는 방향으로 정책을 추진해 나가고 있다. 우리나라는 당장 이산화탄소 감축 대상국은 아니라 할지라도 미래 지향적 국제 흐름에 따라 적극적인 감축 목표를 수립해 추진해 나가야 할 것이다. 정부는 원자력을 2030년까지 전체 에너지 소비의 30%로 확대하고, 풍력 · 태양 에너지 · 수력 등의 신재생 에너지를 11.7%까지 높인다는 목표를 수립해 이를 추진하고 있다.

전력 수급에서 보면 현재 원자력에 의한 전력 생산은 전체 전력의 30%를 웃돌고 있지만 (한때는 50%까지 차지한 적이 있음) 전력 생산 단가를 더욱 낮추고 이산화탄소의 감축 노력을 다양화하면서 수입 에너지 비

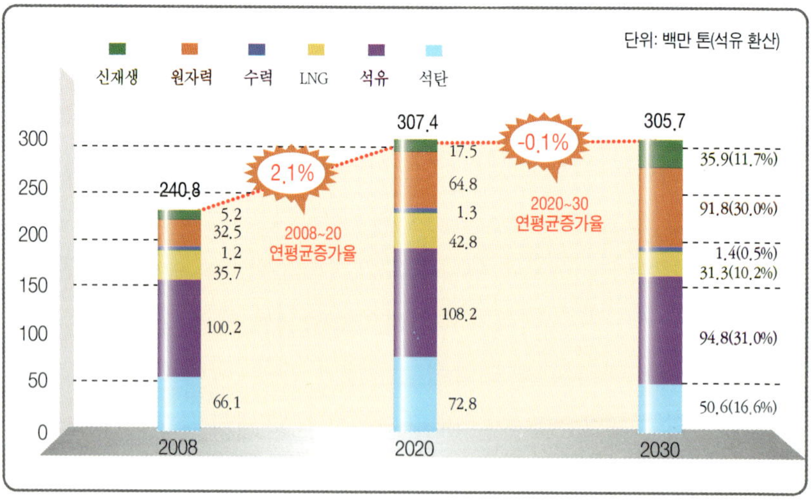

[그림 2-2] **에너지원별 장기 수요 목표**

용을 줄이는 방안을 강력하게 추진하도록 하여 정부는 그 목표를 2030년까지 전력의 59%를 원자력에 의해 공급할 계획으로 있다. 국내 전력 공급에서의 원자력 확대 노력뿐만 아니라 원전 수출에도 국가적 노력이 집중될 전망이다.

제 3 장

원자력 에너지

1. 원자력

제3의 불로 불리는 원자력

우리 인류 역사에서 원자력 이용은 '제3의 불'로 말하기도 한다. 원자력을 이용해 전기를 생산하게 하니 수력, 화력에 이어 붙여진 말이다. 전기를 만들기 위해서는 어떠한 형태이든 동력이 필요하다. 수력은 물의 낙차에 따른 동력을 이용해 터빈을 돌리며, 화력은 보일러의 물을 증기로 만들어 터빈을 돌린다. 원자력은 핵분열에서 발생하는 막대한 열을 증기로 만들어 같은 원리로 터빈 발전기를 돌리게 되는 것이다. 그러니 터빈-발전기 계통은 어느 형태의 발전소이건 같은 원리이고 전기를 생산하게 하는 에너지원의 형태가 수력인가, 화력인가 또는 원자력인가에 따라 수력 발전, 화력 발전, 또는 원자력 발전이라 불린다. 원자력은 핵분열에 의한 막대한 열을 전기 에너지로 전환시킨 기술로서 20세기 최대의 기술혁신의 하나로 꼽힌다.

핵분열에 의해 발생하는 막대한 에너지

모든 물질은 그 특성이 있다. 우리 가까이에서 볼 수 있는 소금, 설탕, 구리, 철 등 많은 물질은 그 특성이 다르다. 어떤 물질의 성질이 변하지 않을 때까지 쪼개어 간다고 하면 물질의 특성이 바뀌지 않는 작은 알갱이를 얻을 수 있는데 이를 분자라 정의한다. 분자의 크기는 약 1억분의 1 센티미터 정도이니 전자 현미경으로 볼 수 있다. 이러한 분자는 몇 개의 원자들로 이루어져 있다. 예를 들면 물은 두 개의 수소 원자와 하나의 산소 원자로 이루어져 있다. 공기는 산소와 질소 분자들이 모여 있다. 그러나 금이나 은 같은 금속은 하나의 원자로 분자가 되기도 한다. 이렇게 물질을 이루고 있는 원자들을 원소라고 부르기도 한다. 우리 지구에는 92개의 원소가 있는데 제일 가벼운 원소는 원자번호 1인 수소이고 제일 무거운 것은 원자번호 92인 우라늄이다. 자연에 더 많은 원소가 있을 것 같은데 그렇지 않고, 플루토늄 같은 원소는 우라늄의 핵분열에 의해 탄생된 인위적인 원소이다.

그럼 핵분열이란 무엇인가? 우선 원자와 핵이 어떻게 구성되어 있는지 알아야 한다. 앞서 원자란 물질을 이루고 있는 최소 단위로 원소를 더 이상 나눌 수 없을 때 붙여진 작은 입자임을 설명했다. 뜻이 그렇다는 것이지 우리의 선배 과학기술자들은 원자도 더 쪼갤 수 있음을 발견했다. 원자는 평소에 핵과 전자로 전기적으로 안정적 균형을 이루고 있는데, 핵에는 전기적으로 (+)전기를 띠는 양성자와 중성의 중성자로 구성되어 있다. 우리의 선배 과학기술자들은 바로 원자핵을 이용해 상상하기 힘든 막대한 에너지를 얻을 수 있다는 사실을 발견하게 되었다. 자연 상태에서 가장 무거운 원소인 우라늄에 중성자를 충돌하게 되면 원자핵이 쪼개지면서 막대한 에너지를 방출해 동시에 쪼개진 우라늄에서 발생한 중성자에 의해 연쇄적으로 충돌해 제2, 제3, 제4의… 분열이 아주 짧은 시간에 일어나게 되는 현상을 발견한 것이다. 이러한 현상을 핵분열이라 하고, 이러한 핵분열 과정에서 엄청난 에너지가 발생하는데 이를 유용하게 활용해 전기를 생산하는 것이 바로 원자력 발전이다.

핵분열에 대해 조금 더 설명해 보자. 앞서의 선배 과학자들은 우라늄 원자핵에 중성자를 충돌시켰더니 질량이 늘어날 것이라고 생각했는데 오히려 쪼개진 원자의 질량을 합해 보니 전체적인 질량이 감소한 것을 발견했다. 또한 이때에 엄청난 많은 열이 발생하는 것을 또한 알게 되었다.

이러한 실험 이전에 약 200년 전, 이미 프랑스의 앙투안 로랑 라부아지에(Antoine Laurent Lavoisier, 1743-1794)라는 과학자에 의해 질량 보존의 법칙을 발표한 적이 있다. 이 법칙에 따르면 질량의 변화가 없어야 할 텐데 중성자가 충돌되었을 때의 질량이 왜 줄어들었는지를 알 수가 없었던 것이다. 즉, 일부 없어진 질량이 어디로 갔는지 찾기가 쉽지 않았고 그 원인을 당시에는 알 수 없었다. 그런데 알베르트 아인슈타인(Albert Einstein, 1879-1955)이라는 천재 과학자가 이런 반응에서 없어진 질량이 열(에너지)로 바뀐다는 원리를 발표한 것이다. 발표 당시에는 물론 이를 받아들이지 않았지만 실험을 통해 그 사실이 밝혀지게 되었다.

원자력의 평화적 이용과 군사적 이용

핵분열에 의해 발생하는 대량의 에너지를 평화적으로 이용한 대표적인 것이 원자력 발전이다. 원자력 발전에 사용하는 핵연료는 우라늄235, 농축도가 3~5%인 저농축 우라늄이다. 이 저농축 우라늄은 원자로 내의 특정한 조건에서만 핵분열 반응을 일으킬 수 있으며, 일정하게 핵분열 연쇄 반응을 유지하거나 감속 또는 정지시킬 수 있도록 제어봉의 장치가 되어 있어 핵분열 반응을 조절하도록 되어 있다. 특히 저농축 우라늄 연료는 외부 원인에 의해 핵분열 반응이 증가해 온도가 상승하게 되면 그 반작용으로 핵분열 반응이 억제되고 온도가 낮아지는 고유 안전성을 가지고 있어 폭발의 위험이 없다. 혹시라도 핵연료 용융사고와 같은 중대 사고가 일어날 것에 대비해 격납용기 등 다중방호 시설을 설치해 방사성 물질이나 방사선이 외부로 누출되지 않도록 한다. 미국 TMI 원전의 핵연료 용융사고에서 확인되었지만 결론적으로 외부에 방사성물질이나 방사선 누출이 거의 없어 환경에 영향을 주지 않았다. 한편, 일본의 후쿠시마 원전의 핵연료 용융사고는 원자로 자체의 문제보다는 원자로 내 물의 증발에 따른 수소 발생과 수소 폭발에 의해 방사성물질이 외부로 이어진 경우이다. 후쿠시마 원자로는 TMI 원자로나 한국의 원전인 가압경수로(Pressurized Water Reactor: PWR)형과 달리 비등경수로(Boiling Water Reactor: BWR)형으로 안전성에 대한 부분에서 큰 차이가 있다. 이는 원자로 안전성에 대한 부분에서 다시 설명하기로 한다.

그리고 핵분열에 의한 열을 군사적인 폭탄의 형태로 개발한 것이 원자폭탄이다. 원자폭탄은 원자력 발전과 핵분열 과정은 같지만 우라늄 농축도가 다르다. 핵분열을 할 수 있는 핵분열성 물질인 핵연료는 우라늄235로서 보통 광산에서 채광하게 되면 0.7%밖에 존재하지 않는다. 나머지 99.3%는 바로 핵분열이 불가능한 우라늄238이다. 원전에서는 우라늄235를 낮은 준위인 3~5%로 농축해 핵분열이 오랫동안 지속되도록 잘 관리하고 제어하지만, 핵무기는 95% 이상 100%에 가깝게 농축해 아주 짧은 시간에 엄청난 핵분열 반응이 동시에 일어나도록 장치되어 있다. 핵무기는 인류 역사상 오로지 2개의 원폭만이 사용되었는데 바로 제2차 세계대전 말기에 일본의 히로시마(廣島)와 나가사키(長崎)에 투하된 바로 그것이다. 원폭의 사용이 1945년에 이루어졌으니 1950년대 말 원자력을 평화적으로 이용한 원자력 발전보다 약 10년 앞서게 되었는데, 그 자체가 우리 인류로 하여금 원자력에 대한 부정적 느낌을 줄 수 있는 계기를 만든 것으로 평가된다. 이러한 부정적인 이미지는 원전의 안전성을 확고하게 함으로써 바로잡아지게 될 것이다. 물론 핵무기가 원전 기술보다 먼저 개발되었지만 이 거대한 에너지를 평화적으로 이용할 것을 UN에서 결의하고 전 세계에 파급되어 오늘날 세계 전력의 14%를 원자력에 의해 공급하고 있고, 많은 개발도상국이 원자력 도입을 추진하고 있어 화석연료의 대체 에너지로서의 역할을 하게 될 것으로 판단된다.

아인슈타인의 상대성 원리

$$E = mC^2$$

유명하며 아름답고 간결한 이 공식은 알베르트 아인슈타인(Albert Einstein)이 1905년경 발표한 것이다. 즉, 어떤 물체의 질량이 에너지로 바뀔 수 있다는 뜻이다. 그 물체의 질량(m), 빛의 속도(C)를 연관해 에너지(E)로 전환할 수 있다는 공식이다. 빛의 속도는 가변성이 없는 상수이기 때문에 더욱 신비를 불러일으킨다. 그뿐인가? 이것이 바로 모든 생명의 삶을 끌고 가는 에너지원임을 설명하고 있다.

이 공식을 조금 더 설명하면 핵분열에 의한 분열 전후의 발생한 질량 차이를 질량 결손이라 하며, 이 질량의 차이만큼 에너지가 발생하는데 이 질량 결손에 의해 발생하는 에너지는 상상을 초월한 엄청난 것이다. 핵분열에 의한 열 에너지 발생, 열 에너지를 전기 에너지로 전환, 이를 우리가 사용하는데 이 원리가 바로 원자력 발전이다. 그리고 이 공식이 아

알베르트 아인슈타인

인슈타인의 상대성 원리를 설명하는 것이지만 상대성 원리에 의해 핵분열이 발견된 것은 아니다. 핵분열은 여러 과학자가 여러 가지 실험을 하는 중에 발견되었다.

이렇듯 원자력의 탄생은 핵분열에서 탄생되었다고 해도 과언이 아니다.

페르미의 세계 최초의 원자로—핵분열 입증

최초의 대규모 핵분열 실험은 1942년 12월 2일 시카고대학의 엔리코 페르미(Enrico Fermi, 1901-1954) 교수팀에 의해 이루어졌다. 페르미는 이태리의 이론물리학 교수였으나 아내가 유태인이라 전쟁 중에 무솔리니 정권으로부터 박해를 받았다. 마침 1938년 노벨상을 받으러 스웨덴에 갔을 때 곧바로 미국으로 망명해 컬럼비아대학의 교수가 된 과학자이다. 페

이론과 실기를 겸비한 엔리코 페르미 교수

르미는 그동안 연구실에서 소규모로 핵분열 실험을 한 바 있지만 대규모 실험에서 발생하는 핵분열에서 얼마나 막대한 위력이 발생하는지를 확인해 보려 한 것이 목적이었다. 치밀한 사전 계획에 따라 수업이 중단된 대학 미식축구장에서 최초로 원자로에 의한 핵분열 실험이 이루어졌다.

우라늄과 중성자가 필요했는데 중성자는 핵분열이 잘 되도록 속도가 느린 것을 준비해야 했다. 즉, 중성자는 속도가 빠르기 때문에 속도를 감속시키도록 감속재를 찾아야 했다. 감속재로 여러 가지 실험 끝에 고체 상태의 흑연이 좋다는 것을 발견하게 되었다. 다음은 핵분열이 일어나면 과잉 반응을 제어할 수 있어야 한다고 판단하고 제어 물질을 찾았는데 바로 중성자를 잘 잡아먹는 카드뮴을 핵분열 반응의 반응 조절을 위해 사용하기로 했다. 1942년 12월 2일 우라늄, 흑연, 카드뮴이 잘 결합된 핵분열 실험이 시작되었고 모든 과정이 페르미의 작전대로 오차 없이 잘 진행되었다. 핵분열과 함께 핵분열을 잘 조정할 수 있음이 증명된 것이다.

원자력 핵분열 비사—핵분열에 가능한 물질 우라늄을 찾다

핵연료로 우라늄을 사용한 것은 핵분열이 가능한 원소가 바로 우라늄인 것을 확인함으로써 가능했다. 핵분열에 대한 연구는 1930년대에 집중적으로 여러 과학자에 의해 이루어졌다. 원자핵 및 최초 핵분열에 대한 연구와 발표는 1933년 어니스트 러더퍼드(Ernest Rutherford, 1871-1937)였는데 그의 생각은 원자핵 변환에서 나오는 에너지가 미미할 것으로 예측했다. 그의 발표를 읽은 당시 나치를 피해 영국에 온 레오 실라드(Leo Szilard, 1898-1964)는 의견이 달랐다. 베를린대학에서 아인슈타인에게 물리학을 배운 그는 깊은 생각에 잠겼다. 목욕하면서도 생각했고 산책하면서도 생각했다. 그러다가 어느 날 아이디어가 떠올랐다. 그는 그 순간을 이렇게 기록했다. "신호등이 초록색으로 바뀌어 길을 건널 때 갑자기 만약 중성자로 원자핵을 분리할 수 있고 이때 두 개 이상의 중성자가 방출된다면, 연쇄반응이 가능할지도 모른다는 생각이 들었다."

즉, 그는 핵분열에 두 단계가 필요하다고 생각한 것이다. 첫째는 연쇄반응을 일으키는 것이고, 두 번째는 충분히 많은 물질을 확보해 연쇄 반응이 계속될 수 있도록 하는 것이었다. 그러나 당시는 어떤 원소가 쉽게 핵분열이 일어날지 몰랐다. 그는 핵분열에 대한 15페이지의 특허 출원을 했다. 원자핵에서 나오는 에너지로 폭탄을 만드는 데 사용될 수도 있다고 생각해 해군본부에 출원한 것이다. 당시 그의 창조적인 생각에 누구도 관심을 갖지 않았다. 그는 러더퍼드를 찾아가 실험할 수 있는 실험실을 달라고 요청했지만 그 제안이 심도 있게 고려되지 않았다. 한동안 그는 옥스퍼드대학 및 로체스터대학에서 연쇄 반응을 일으킬 수 있는 물질을 찾는 실험을 계속했다. 베릴륨, 인듐 등을 실험했다. 그러나 우라늄과 멀리 떨어진 곳에서 실험이 행해진 것이다.

리제 마이트너(왼쪽은 닐스 보어, 뒤쪽이 오토 한)

실제 우라늄을 알아낸 사람은 독일의 오토 한(Otto Hahn, 1879-1968)과 프리츠 스트라스만(Fritz Strassmann, 1902-1980), 그리고 리제 마이트너(Lise Meitner, 1878-1968)였다. 이들은 비슷한 시기에 같은 팀으로 연구한 적이 있으나 여성인 마이트너의 역할이 돋보인다. 당시 연구자 또는 교수로서 여성의 위치는 매우 어렵고 푸대접을 받던 시절이었다. 그녀의 열정은 대단했다. 그러한 불평등한 사회에서도 꿋꿋이 연구에만 몰두했던 것이다.

그녀는 이미 중성자에 쏘여진 우라늄의 핵에서 무슨 일이 일어났는지를 알고 있었다. 약 2000년 동안 더 이상 쪼개질 수 없다던 원자론 이론이 깨어지는 순간이었다. 그녀는 이 현상을 핵분열(nuclear fission)이라 명명하고, 1939년 영국의 과학지인 『네이처(*Nature*)』에 기고해 세상에 이 사실을 알렸다.

제2차 세계대전 당시, 우라늄 발견은 곧 나치 관리의 주목을 받게 되었다. 이전과 비교할 수 없는 위력의 폭탄을 만드는 데 사용할 수 있다는 것과 이 폭탄을 만든 국가는 전쟁을 이길 수 있다는 사실을 알게 되었다. 결국 1938년 독일은 체코에서 우라늄 수출 금지 조치를 취했다. 이 조치는 미국과 영국의 과학자들에게는 경고가 되었다. 독일은 그곳에 남아 있는 과학자, 오토 한과 베르너 카를 하이젠베르크(Werner Karl Heisenberg, 1901-1976)가 원자폭탄을 만들 수 있는 능력이 있다고 믿었던 것이다.

한편, 원자폭탄의 가상 위력을 알고 있던 실라드는 세계 정세 변화에 깜짝 놀라 1939년 어떤 방법으로든 독일 과학자들의 원자폭탄 개발을 막아야 된다고 판단하고 정치가들을 설득하려 그와 가까운 아인슈타인에게 도움을 청했다. 당시 아인슈타인은 뉴저지 주에 있는 프린스턴에 살고 있었다. 그는 1939년 7월 아인슈타인을 만났는데 아인슈타인은 실라드가 핵분열 특허를 낸 것 등을 모르고 있었지만 설명을 듣자 원자폭탄이 가능하다는 것을 쉽게 납득했다.

실라드는 아인슈타인의 친구인 벨기에 여왕에게 편지를 보내기로 하고 벨기에 대사를 통해 보낼 편지를 함께 작성했다. 그러나 우연히 알게 된 미국의 루스벨트 대통령의 비공식 고문인 알렉산더 작스(Alexander Sachs)에게 이 이야기를 하게 되었다. 결국 편지는 벨기에 여왕이 아닌 미국 대통령에게 1939년 8월 2일 전달하게 되었다.

원자력 역사뿐 아니라 세계의 역사를 바꾼 이 편지를 소개하면 다음과 같다.

대통령께

저에게 원고로 전해진 엔리코 페르미와 실라드의 최근 연구는 빠른 시일 내에 우라늄 원소가 새롭고 중요한 에너지원이 될 것이라는 생각을 갖게 합니다. 최근 진행되는 상황으로 보아 행정부에서 이에 대해 경각심을 가지고 지켜보아야 하며, 필요하다면 빠른 조치를 취하는 것이 적절하다고 생각됩니다. 따라서 저는 대통령께 다음과 같은 경고와 추천을 해드리는 것이 나의 의무라고 생각합니다.

지난 4개월 동안 프랑스의 졸리오(Joliot)와 미국에서의 페르미, 실라드의 연구에 의해 많은 양의 우라늄이 연쇄 반응을 통해 엄청난 에너지를 방출할 수 있으며, 동시에 라듐과 같은 물질을 만들어 낼 수 있을 것으로 사료됩니다. 이런 일들은 가까운 장래에 가능해질 것이 거의 확실합니다. 이 새로운 현상은 엄청난 위력을 지닌 폭탄을 만드는 데도 사용될 수 있을 것입니다. 이런 종류의 폭탄 하나를 배로 싣고 가서 항구에서 폭발시킨다면 항구 전체와 주변 지역이 파괴될 것입니다. 그러나 그러한 폭탄은 매우 무거워서 비행기로 나를 수는 없을 것입니다.

(중략) ……

제가 알기로는 독일이 그들이 점령하고 있는 체코슬로바키아 광산으로부터 우라늄의 판매를 금지했습니다. 이러한 조치는 독일 물리학자들이 우라늄에 대한 미국에서의 연구를 반복하고 있는 카이저 빌헬름 연구소에 배속된 것과 연계해 이해해야 할 것입니다.

이 편지는 세계 역사의 흐름을 바꾸어놓은 것은 물론이고 원자력의 평화적 이용보다는 군사적 목적인 원자폭탄을 더 빨리 개발하게 하여 원자력의 빛과 그림자를 만든 계기가 되었다. 이 편지로 당시 루스벨트 미국 대통령은 뉴멕시코의 해발 2,000미터의 로스 알라모스 연구소에서 은밀하게 핵무기 제조 사업인 맨해튼계획을 추진하게 되었다. 1945년 7월 16일 뉴멕시코에서 최초의 원폭실험이 이루어졌다. 이때는 루스벨트 미 대통령이 갑자기 서거해 트루먼 대통령이 진두지휘하던 때이다. 다음달인 8월 6일과 8월 9일 각각 2기의 원폭이 일본의 히로시마 및 나가사키에 투하됨으로써 제2차 세계대전의 종말을 가져왔던 것이다.[1] 핵무기가 투하되기 전까지 일본군은 주민과 연합해 황토보위(皇土保衛)를 외치며 강력하게 항전했으나 2방의 원폭 앞에는 꼼짝못하고 8월 15일 일왕의 항복으로 전쟁은 끝났으며 7년간의 미군정이 기다리고 있었다.

2. 우리나라 원자력 발전의 원자로형

우리나라에는 가압경수로(PWR)와 가압중수로(PHWR)의 두 가지 원자로형이 있다. 원자로에 핵분열이 잘 일어날 수 있도록 고속의 중성자를 감속시키는 물질을 감속재라 하는데, 보통 경수 또는 중수를 사용한다. 감속재인 물의 재질로 어떤 것을 사용하느냐에 따라 원자로형이 경수로, 중수로로 불려진다. 원자로 내 물에 압력을 가하면 높은 온도에서도 물이 끓지 않는 상태에서 계통을 유지할 수 있기 때문에 가압경수로, 가압중수로라 부른다.

월성원자력 부지에 있는 4기의 가압중수로 원전을 제외하면 23기의 원전 중 19기가 가압경수로이다. 이들은 원자로 내에서 물을 끓여 증기를 만들지 않고 원자로 격납용기 안에 위치해 있지만 원자로 바깥 부분

1) 네너버캐스터, 핵분열 과정(kgrr at en.wikipedia.com).

1980년대의 원자력 기자재 국산화 회의

에 별도의 열교환기를 두어 이 열교환기에서 증기를 발생하게 하는 설계이다. 안전 여유도 측면에서 원자로 냉각 계통의 건전성이 상대적으로 우수한 것으로 확인되고 있다. 원자로에서 높은 온도의 물이 열교환기인 증기 발생기 내 수많은 세관을 통해 순환하여 원자로로 되돌아오게 하고, 동시에 세관의 외부에 물을 흘려 열을 전달받아 증기를 발생하게 함으로써 이 증기의 힘으로 터빈을 회전시켜 발전하는 방식이다.

가압경수로는 1978년에 처음 건설된 고리 1호기를 포함해 우리나라 원자력 산업의 주력 원자로형이다. 물론 기술 자립은 두 가지 노형의 원자로를 함께 추진했지만 기술 개발에 이어 우리 고유의 원천 기술로서 한 단계 보완시켜 온 것은 가압경수로이다. 고리 1호기 등 초기 단계에는 미국 원자로 공급사인 웨스팅하우스(Westinghouse)가 설계 · 건설의 모든 책임을 지고 건설해 한국에 인계하는 일괄 도급(turn key) 계약으로 이루어졌다. 따라서 우리 직원들은 거의 기술 접근이 어려웠다. 그래서 바로 고리 3, 4호기부터는 기자재 국산화에 염두를 두고 컴포넌트 접근 방식의 계약을 추진해 국내 기술의 참여 폭을 넓혀 나갔다.

이 과정을 통해 국내 기술의 인프라를 높일 수 있는 기회가 되었고, 이를 기반으로 최종적으로 외국과의 기술 전수 계약에 따라 원전 국산화 및 기술 자립을 이룰 수 있었다.

가압경수로는 원자로에서 약 320℃의 물을 증기 발생기 내의 세관을 통해 다시 원자로 내로 되돌아오게 되는데 이 계통을 1차 계통이라 하고 증기 발생기 세관 바깥쪽에서 물이 증기로 바뀌고 터빈을 회전하게 하는 계통을 2차 계통이라 한다. 1차 계통과 2차 계통은 증기 발생기의 세관에 의해 완전히 격리되어 있다. 따라서 1차 계통은 방사능 물질 또는 방사선으로 오염되어 있지만 2차 계통은 방사선에 오염되지 않은 계통이다. 방사선에 의한 영향이 최소화되도록 설계되어 있는 것이다. 가압경수로의

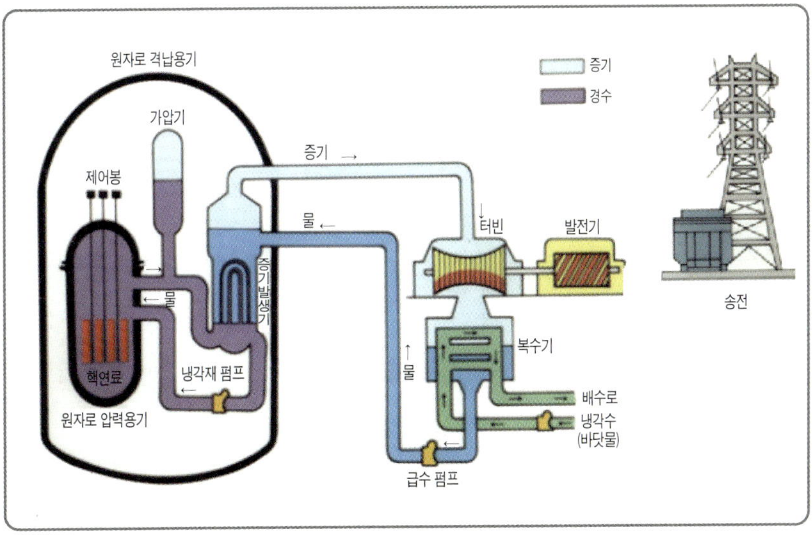

[그림 3-1] **가압경수로의 계통도**

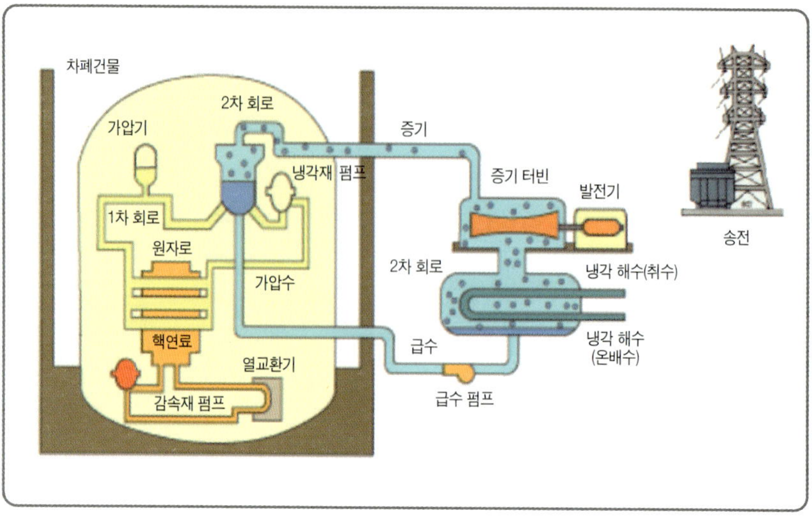

[그림 3-2] **가압중수로의 계통도**

계통은 월성의 가압중수로와 대동소이하다.

가압중수형 원자로의 원천 기술은 캐나다 원자력공사(AECL)이다. 월성에 설치된 이 원자로는 감속재로 물인 경수를 사용하지 않고 자연의 물에 아주 적은 양이 포함되어 있는 중수를 농축해 사용하기 때문에 붙여진 원자로형 이름이다. 대신에 핵연료는 저(低)농축 우라늄을 사용하지 않고 자연에 존재하는 천연 우라늄을 그대로 정련해 사용할 수 있다. 감속재는 중수를 사용한다. 경수는 중수에 비해 중성자를 더 많이 흡수하기 때문에 핵연료를 4~5% 농축해야 하지만 중수를 사용하면 중성자를 잡아먹는 흡수율이 낮아 천연 우라늄을 사용해도 핵분열 연쇄 반응을 잘 일으킬 수 있다. 발전소 전력 생산 단가 면에서는 두 원자로 노형이 비슷하지만 세계의 주류는 가압경수로가 절대적이다. 다만 가압중수로는 천연 우라늄을 사용하므로 사용후 핵연료가 상대적으로 많이 발생한다.

3. 원자력 발전의 역할

전력의 지속가능성 및 에너지 안보

제한된 에너지 자원은 언젠가는 고갈될 수밖에 없다. 석유는 2006년 최대 공급량(peak oil)을 기록한 뒤 점점 공급량이 줄어들고 있다. 향후 30~40년이면 현재 발견된 자원은 거의 소진될 수밖에 없을 것으로 발표되고 있다. 세계 경제가 침체되고 있는 현재는 정체 상태에 있지만 석유가의 상승은 피할 수 없는 일이 되고 있다. 석유자원의 고갈과 함께 가스 소비량 증가와 가격 역시 상승 기류가 될 것이다. 가스 매장량은 약 60년을 사용할 수 있고, 석탄 매장량은 향후 120여 년을 사용할 수 있을 것으로 추정된다. 그러나 화석연료의 사용은 지구온난화를 불러와 기후변화협약에 따라 이산화탄소를 적게 발생하는 별도의 저탄소 기술인 탄소 포획 저장 기술의 개발 및 사용이 뒤따를 것이다. 따라서 석탄 화력 등 석탄을 사용하게 될 경우 상대적으로 추가 비용이 소요될 것이다. 이러한 관점에서 원자력 에너지와 신재생 에너지는 화석연료의 대체 에너지로서의 역할을 수행할 수밖에 없는 입장이다.

나라마다 에너지 공급에 대한 지속 가능한 방안을 추구하는 데 바로 에너지 안보를 튼튼히 하려는 목적이 있다. 어떠한 경우에도 에너지 공급에서 지속가능성이 확보되어야 그 국가의 진정한 독립성이 보장될 수 있다고 할 수 있다. 한국은 에너지 소비량이 세계 10위, 석유 소비량은 세계 7위로 에너지 및 석유 다소비 국가이다. 마침 한국은 준(準)국산 에너지인 원자력 개발을 꾸준히 추진해 왔기 때문에 그나마 다행이라 할 수 있다. 원자력은 왜 준국산 에너지라 불릴까? 바로 연료만 외국에 의존

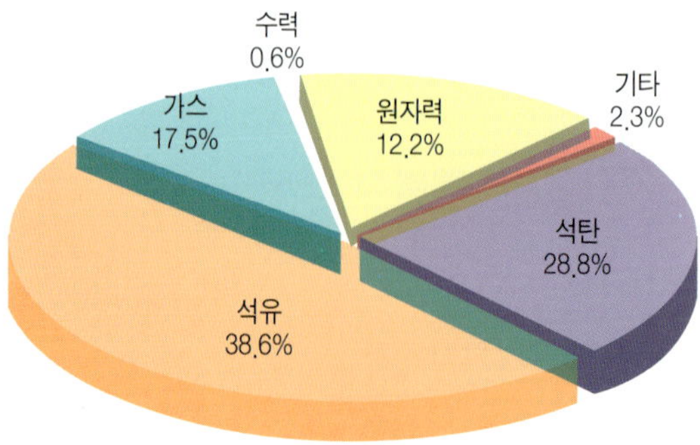

2011년의 총 에너지 소비량: 271.3백만 톤(석유 환산)

출처: 한국에너지경제연구원(2012).

[그림 3-3] 우리나라의 에너지원별 비교

하기 때문인데 연료비는 전체 발전 단가의 약 10%에 불과하다. 더욱이 원자력은 다른 전력원보다 상대적으로 가장 저렴해 외환 비용은 크지 않다. 원전에서의 1kWh당 발전 단가는 39원인데 이의 10%이면 약 4원에 불과해 준국산 에너지라 부른다.

원전의 핵연료 교체 주기는 기술 개발에 따라 종전 1년에서 점점 장주기(長周期)로 변하고 있다. 현재는 18개월이지만 조만간 24개월로 늘어나게 될 것이다. 원자력은 화석연료 수급 문제에 대응할 수 있는 가장 우수한 조건을 갖추고 있는 것이다. 과거의 몇 번에 걸친 석유 파동에도 우리나라는 전력의 안정적 공급과 함께 전기료 상승은 거의 없이 공급할 수 있었다. 우리나라의 그동안 물가상승률 누계를 보면 1980년 대비 약 200% 올랐으나 전기료는 이의 10분의 1에도 미치지 않고 있음을 통계에서 보여주고 있다.

친환경성 및 가장 값싼 에너지

앞으로 에너지 수급에서 두 가지 문제가 대두될 수 있다. 하나는 화석연료의 유한성에 대한 대책 마련이고, 다른 하나는 화석연료 사용에 따른 기후 변화 완화 대책을 추진하는 것이다. 온실가스 감축 노력이 목표대로 이루어지지 않으면 지구는 재앙을 맞을 수밖에 없다는 게 전문가의 한결같은 주장이다. 이미 우리는 세계 곳곳에 이상 기후 현상이 발생하고 있음을 체감하고 있다. 온실가스 감축 노력을 위해 화석연료 사용을 자제하고 청정 에너지 개발에 박차를 가하지 않으면 안 되게 되어 있다. 그러나 기술 개발 관점에서 아직은 풍력, 태양 에너지 등 신재생 에너지 개발에서 현실적인 문제를 안고 있으며 이는 세계적인 현안이기도 하다. 우리나라의 경우도 다른 국가에 비해 결코 좋은 조건은 아닌 것으로 알려져 있다. 사실 국제적으로 풍력 에너지나 태양광 발전 등의 연구개발은 원자력보다 역사가 더 깊다. 무한한 잠재력을 가지고 있지만 현실적으로 개발 이용은 미미한 수준이다. 앞서 언급한 바가 있지만 신재생 에너지가 가지고 있는 연속적이지 못한 간헐적 특성의 문제를 해결해야 하고 또 에너지를 장시간 저장할 수 있는 기술이 극히 제한되어 있기 때문이다.

따라서 당분간은 원자력의 역할에 기대를 걸지 않을 수 없다. 비록 그동안 TMI 원전사고, 체르노빌 원전사고, 그리고 일본의 후쿠시마 원전사고 등 세 번에 대한 대형 원전 중대사고가 발생했지만 안전성을 보완해 왔고 향후 더욱 안전성을 확립한다는 전제 하에 원자력 에너지 이용 개발은 지속될 수밖에 없을 것이다. 2011년 기준 전력 생산의 발전 원가(원/kWh)를 각 발전원별로 보면 원자력 39원, 석탄 60원, 가스는 원자력에 비해 무려 4배가 높다. 그러나 원전의 기여 등으로 우리나라는 미국, 일본 등 다른 주요 국가와의 비교에서 전기요금이 가장 싸다.

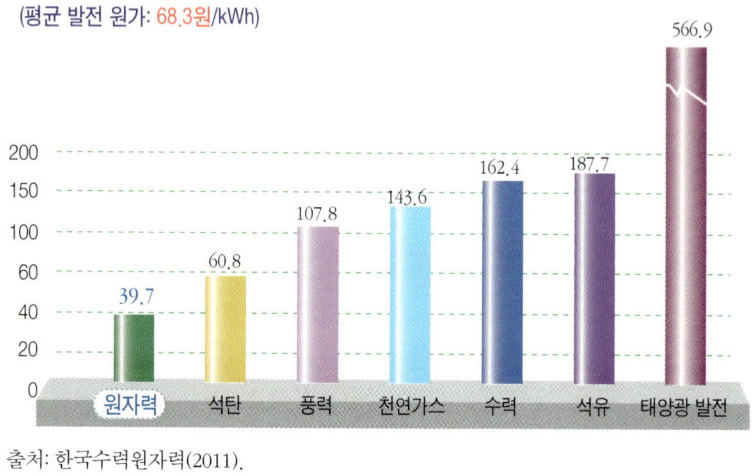

[그림 3-4] **에너지원별 경제성 비교**

석탄은 아직은 원자력과 함께 값싼 전력으로 분류되고 있지만 2005년 이미 기후변화협약에 대한 규제가 선진국에 적용되고 있고 우리도 탄소 거래에 대한 입법화가 이루어지고 있기 때문에 조만간 적용을 받게 될 것이다. 이렇게 되면 이산화탄소 발생에 따른 탄소거래비용을 석탄 발전에도 부과해야 하는데, 이렇게 되면 발전 단가는 더욱 높아질 수밖에 없다.

에너지 밀도가 월등한 우라늄

핵분열에 의한 에너지 이용량은 에너지 밀도에서 다른 에너지원에 비래 놀랄 만하다. 이론적으로 핵분열에 의한 우라늄 1kg의 열량은 석유 9,000드럼 또는 석탄 3,000톤과 맞먹는다. 이렇게 에너지 밀도가 높은 것은 원자핵 구조에서 그 답을 찾을 수 있다. 원자는 핵과 전자로 구성되지만 중심이 되는 핵의 무게는 원자 전체의 99.9%를 차지할 정도이다. 이

견고하고 탄탄한 핵이 분열될 때는 당연히 엄청난 에너지가 발생한다는 것을 충분히 예측할 수 있다. 바로 핵분열을 예측하고 실험한 실라드와 마이트너의 예측이 적중한 것이다.

현재 매장된 우라늄은 세계 여러 나라에 대체로 고루 분포되어 있다. 그러나 현재의 원자로 기술인 열중성자로에 사용하면 50~60년 후면 고갈될 수 있는 양이다. 이를 대비해 연료 이용 효율이 높은 이용 기술이 국제 공동 연구로 개발되고 있다. 고속 중성자를 활용하는 제4세대 원전인 고속로 기술이다. 현재의 원자로에는 핵분열을 효과적으로 반응시키기 위해 고속중성자를 감속해 속도가 느린 열중성자를 이용하지만 고속로는 중성자를 감속하지 않고 바로 이용하는 새로운 기술로 사용한 우라늄의 재활용이 가능하므로 우라늄 이용 효율을 획기적으로 높일 수 있다. 예를 들면 사용후 핵연료에서 발생한 플루토늄을 우라늄 연료와 혼합해 사용하게 되는데 연료 증식이 가능하므로 거의 추가 연료 없이도 운전이 가능해 꿈의 원자로라고 불리기도 한다. 이 고속로가 개발되면 핵연료 자원에 대한 현안은 해결될 것이다. 인도는 자국에 풍부한 토륨(Thorium) 자원의 활용을 전제로 고속로에 토륨 혼합 연료를 고속로에 사용하는 연구를 추진 중에 있다.

4. 우리나라의 원자력 발전 현황 및 전망

국가 통치자의 의지에 따라 좌우

원자력 시설을 도입하기 위해서는 그 국가가 갖추어야 할 세 가지 조건이 있다. 첫째는 무엇보다 경제적 여건이다. 원전 1기의 가격에 수조

원의 초기 자금이 투자되어야 하니 가난한 나라는 이를 감당하기 어려울 것이며, 이러한 막대한 돈을 차용한다는 것이 쉽지 않다. 둘째는 고도의 전문 인력이 다수 필요하며, 국내 인프라에 원자력에 대한 규제 조직과 절차가 갖추어져 있어야 한다. 마지막으로 안전성과 핵 확산을 방지하는 핵 비확산 정책을 지켜야 한다.

한국은 6 · 25전쟁으로 폐허가 되었던 1950년대를 지나 1960년대에는 국가 재건에 전력하게 된다. 한국에 연구용 원자로가 도입된 것이 1959년의 일이니 이승만 대통령의 원자력에 대한 이해가 대단했다고 할 수 있다. 당시 한국의 개인당 국민총생산(GNP)은 72달러에 불과한데 72만 달러 가격의 연구용 원자로를 도입한다는 것은 매우 어려운 실정이었다. 그러나 국가 장래를 위한 관점에서 이를 실천에 옮길 수 있었지만 매우 이례적인 일이 아닐 수 없었다. 이를 결정하기 이전에 당시 이승만 대통령은 미국 전력회사의 전문가 워커 시슬러(Walker Lee Cisler)를 만난 적이

최초 연구로(TRIGA Mark II) 기공식에 참석한 이승만 대통령

있었다. 시슬러는 제2차 세계대전에 파괴된 서유럽의 전력 시설을 훌륭히 복구한 전문가였다. 그가 이 대통령을 만나 나눈 대화에서 가장 중요한 대목은 한국의 전력난을 해소하기 위한 획기적인 방안을 건의한 것인데 바로 원자력에서 발생하는 에너지를 사용하라는 것이었다. 이를 권고하면서 그는 우선 인력 양성의 필요성을 강조했다.

이승만 대통령은 바로 이를 결행했다. 당시 1인당 연간 훈련비용이 6천달러인데 그는 10년간 237명의 인력을 훈련시켰다. 바로 한국의 원자력기술이 개발되는 기초를 만들었다고 할 수 있고, 이분들이 한국의 1세대 원자력 기술자로서 그 역할을 충분히 해냈기 때문에 오늘날 한국이 세계 속에 원전 기술 개발 선진국으로 우뚝 설 수 있게 된 것이다.

한국에서 본격적인 원자력 개발은 경제개발 5개년계획과 같이했다고 할 수 있다. 경제 개발이 추진되던 1960년대 후반과 1970년대 초반이다. 박정희 대통령은 전력의 안정적 공급이 국가 발전과 국가 안보에 가장 중요한 과제임을 인식하고 원자력 개발에 중점을 두었다. 그가 집권한 초기 단계에는 원자력의 평화적 이용뿐만 아니라 원자력의 군사적 이용에도 관심을 가진 것으로 알려지고 있다. 그렇다고 평화적 이용의 원전 개발에 덜 관심을 가졌다는 것은 결코 아니다. 결국 그는 핵무기 개발을 포기하고 원자력의 평화적 이용인 원전 개발에 전력하게 되는데 한국에 처음 도입된 고리 1호기 건설에 막대한 자금을 투자하게 된다.

그리고 고리 2호기 및 월성 1호기 등 후속 원전 도입을 바로 추진했다. 그는 원자력의 경제성에 따른 한국 경제 개발을 약속하고 있었던 것이다. 현재 23기의 원전이 운전되고 있고 GNP가 2만 달러를 초과하며 수출 세계 9위의 한국 경제의 근원을 만든 것은 바로 값싸고 양질의 전기를 생산하는 원자력 발전 때문이라 감히 말할 수 있다. 이는 박대통령의 의지에 따라 이러한 어려운 결정을 적기에 해줌으로써 가능했다.

원자력연구소를 방문한 박정희 대통령

쉽지 않았던 원자력 기술 자립— 1995년 95% 기술 자립 달성

고리원전 1, 2, 3, 4호기 및 월성 1호기가 운전 또는 건설 중이었고 영광원전 1, 2호기 및 울진원전 1, 2호기 등이 추가로 건설계획이 확정되면서 원자력 기술 자립의 중요성과 이를 달성해야 한다는 관점의 논의가 본격적이고 구체적으로 추진되었다. 주안점은 여러 호기의 원전을 건설, 운전하고 있지만 핵심 기술인 원자로 계통 기술(Nuclear Steam Supply System: NSSS)은 쉽지 않은 블랙 박스에 해당하는 기술로서 외국의 기술

지원이 근본적으로 필요하다는 의견이었다.

이러한 때에 마침 한국에는 천운이 따라왔다. 결정적인 계기는 1979년, 미국의 TMI 원전에서 핵연료가 용융되는 중대사고가 발생한 것이다. 이 사고 이후 미국을 포함한 대부분의 선진국은 신규 원전 발주가 끊어지게 되었고 원자로 전문 공급업체(Vendor)들은 일거리가 없게 되어 기술자들을 해고하든지 회사가 파산할 수도 있는 매우 어려운 지경에 이르렀다. 그 당시 한국은 원전을 지속적으로 추진하고 있었기 때문에 거의 독점적 바이어스 마켓(buyer's market: 수요자 입장에 따라 의사결정이 될 수 있는 시장 형태) 입장에 처하는 절호의 기회를 맞게 되었다. 평소에는 이전할 수 없다던 바로 블랙 박스에 해당하는 원자로 관련 민감 기술을, 그것도 여러 국제 공급자들을 경쟁시켜 기술 전수를 받을 수 있었던 것이다. 공급업체들은 우리가 제시한 기술 자립의 유리한 조건을 울며 겨자 먹기로 요구대로 들어 줄 수밖에 없었다.

당시 우리가 가진 가장 값진 것은 필요한 국내의 적정한 원자력 인프라, 즉 기술 인력을 보유하고 있다는 것이었다. 바로 정부의 적극적인 정책 지원 하에 1987년, 기술 전수 계약이 체결되어 국내 주도 원자로 설계가 시작되었으니 이는 바로 이승만 대통령의 장기 미래를 바라보며 투자한 지 30년이 되던 때였다. 당시 동력자원부(현 지식경제부)를 중심으로 기술 자립을 수행할 기관별 역할 분담을 확정하기 위해 정부와 산업체 간의 열띤 토론을 수없이 거치면서 "국가 원자력 기술 개발 청사진"을 수립할 수 있었다. 영광 3, 4호기의 사업을 추진하면서 동시에 기술 자립을 확보한다는 큰 틀을 짠 것이다.

결정된 기관별 수행 업무는 고급 기술 인력을 확보하고 있던 한국원자력연구소가 가장 핵심 기술인 원자로 계통 설계를 맡아 외국 회사와 공동 설계를 수행하면서 기술 자립을 달성하고, 한전기술(주)이 플랜트 설계를, 그리고 주기기 생산은 한국중공업(현 두산중공업)에서 각각 추진하기로 한 것이다. 또한 핵연료 국산화는 한국원자력연료(주)(현재의 한전원자력연료)와 한국원자력연구소에서 추진하기로 했는데 설계는 한국원자력연구소가, 핵연료 생산은 한전원자력연료에서 맡기로 했다.

결과적으로 국내 모든 해당 기관은 외국 공급업체와는 원전 계약을 체결하고 이 사업 계약과 별도로 기술 전수 계약을 각각 체결했다. 물론 해외 공급사를 확정하기 위해 입찰제안서에 따라 이들이 제출한 응찰서는 면밀히 검토되어 기술 자립에 가장 우수한 외국 전문회사(Vendor)를 선정할 수 있었다. 즉, 원자로 계통 설계는 미국의 CE(Combustion Engineering)사와, 플랜트 설계는 미국의 SL(Sargent and Lundy), 주기기 역시 CE가 선정되어 계약이 체결되었다. 국내 각 기관은 영광 3, 4호기의 건설 기간 중에 기술 전수 진행 사항을 검증하면서 완공 시점인 1995년에 95%의 기술 자립을 완성한다는 내부 계획을 수립했다. 그 당시 한국원자력연구소는 독일(KWU사)과 이미 핵연료 설계에 대한 기술 계약을 추진하고 있었던 터라 기술선인 CE사와는 영광 3, 4호기의 초기 노심 설계와 이의 기술 전수 계약을 추진하기로 했다. 그러나 이런 기술 자립 계획에 필요한 예산이 적절히 지원되지 않으면 많은 투자를 하면서도 실패할 가능성이 상존했다. 다행히 당시 한국전력과 한국원자력연구소의 경영진 두 분 CEO의 열정과 협력으로 예산 지원의 어려움을 해결할 수 있었다. 이때의 협력이 여의치 않았으면 오늘날 기술 자립 및 원자력 선진국의 위치에 과연 이를 수 있었을까 하는 의문을 제기해 본다.

결국 이 지상 목표는 참여한 기관과 기술자들의 피나는 노력의 결과로 그 결실을 맺게 되었다. 계약 당시에는 모든 기술을 주겠다던 해외 전문회사들이 계약 후에는 눈에 보이게 기술 개방에 인색했음을 기억한다. 그러나 거꾸로 우리가 그들의 입장이 되어 보면 이해할 수 있는 부분이

쉬어가기

연인원 980명의 위력

원자력 기술 자립에 대한정부의 정책과 한국전력의 능동적인 정책 이행은 매우 추진력이 있었다. 사실 정부의 정책이 지원된다 하더라도 사업을 집행하는 입장에서 보면 추가 예산이 발생하게 되면 회사의 경영에 그만큼 부담이 될 수 있다. 그럼에도 한국전력은 기술 개발에 능동적인 투자를 했다고 할 수 있다.

당시 우리나라의 산업 인프라를 보면 설계, 제조, 건설, 원전 운영 등 모든 이행 절차에 대해서는 기초 실력이 있었다고 판단되었지만 원자력의 자력 기술을 확보하기 위한 기술 인력은 절대적으로 부족했다. 그래서 고난이도의 원자로 계통 설계, 핵연료 설계를 자립하기 위해서는 고급 인력을 확보하고 있던 한국원자력연구소의 인력을 활용할 수밖에 없었던 것이다. 1987년 당시, 연구소의 한필순 소장은 기술 자립의 전도사로서 역할을 자임하고 나섰던 분이다.

연구소는 연구소가 가진 역량과 역할을 정부와 한국전력은 물론 관련 기관에 줄기차게 설명하고 이해를 시켜 결국 연구소가 원자로 계통 설계(Nuclear Steam Supply System: NSSS)와 핵연료 설계를 수행하는 기관으로 결정되었다. 사실 당시의 연구소는 국가 출연기관으로 원자력의 미래를 바라보며 수행하던 연구 프로젝트가 많았지만 원전 기술 자립 프로젝트가 결정되자 제일 우선순위의 과제로 부상하게 된 것은 말할 것도 없었다. 향후 펼쳐질 사업에 대해 밤낮없이 기획과 전략이 토의되고 방향을 정립해 나가게 되었다. 물론, 한국전력과 긴밀한 협조

하에서 말이다.

관련 기관 간의 역할 분담이 결정되고 바로 영광 3, 4호기의 입찰을 위한 입찰의향서를 준비하고 세계의 유수한 원자로 공급회사에 발송하게 되었는데 당시 CE사, 웨스팅하우스를 포함 4개사가 응찰해 평가 절차를 밟게 되었다. 결국 사업과 기술 전수 조건에서 가장 우수한 CE사가 결정되었다. 기술 자립의 청사진은 영광 3, 4호기를 수행하면서 기술 전수 계약에 의해 기술을 자립한다는 것인데 외국과의 계약 못지않게 중요한 것이 한국전력과의 국내 계약이었다. 왜냐하면 적절한 예산의 뒷받침 없이 기술 자립은 불가능했기 때문이다.

한국전력의 계약부서 실무책임자와의 협상에서 한국원자력연구소에서 사업을 수행하게 될 투입 인력은 연인원 약 730~760명으로 협의되고 있었다. 이 인원으로 사업 수행은 되겠지만 목표한 기술 자립을 완성하기는 턱없이 부족한 인력 지원이었다. 최종 단계의 협상은 진행되고 있었지만 진전이 없었다. 연구소는 CE사와의 공동 설계를 통해 그 방법을 배울 수는 있겠지만 왜 그 결과가 나오는지에 대한 원인(know-why) 파악은 어렵다는 것이 연구소의 입장이었다.

이러한 현안은 연구소 경영진에게 보고되었고 연구소 소장은 브리핑 자료를 지참하고 당시 한국전력의 박정기 사장과 면담하게 되었다. 양 경영진의 면담 결과는 한마디로 놀랄 만했다. 즉, 기술 자립은 국가가 우리에게 준 임무이므로 반드시 이행해야 할 당대의 책임이라는 관점의 공동 인식과 함께 문제점을 해결해야 한다는 데 합의한 것이었다. 당시 실무 협의되던 인력보다 연인원 250여 명이 더 많은 980명을 합의한 것이다.

즉, 사업에 투입된 인력은 사업 공정이 바쁘기 때문에 외국과 한 팀이 되어 공동 설계에 여념이 없어 더 이상 기술 자립을 돌볼 시간적 여유가 없게 된다. 따라서 수행된 설계 결과를 다른 팀에서 다시 한 번 계산, 분석해 확인하는 절차를 수행하기로 한 것이다. 수행된 설계를 재평가하는 팀을 운영한다는 원칙에 양 기관이 합의한 것이다. 기술을 확실하게 챙기는 것은 물론, 우리의 기술자가 처음 수행해 보는 설계를 안전성 측면에서도 재확인해 본다는 의미도 있어 매우 바람직한 절차였다. 그래서 영광 3, 4호기의 설계 결과물은 설계 자체의 서류와 설계평가보고서의 2종이 생산되었다. 결국, 한국원자력연구소는 NSSS 설계와 핵연료 설계의 기술 자립을 성공리에 이끌어 1995년 3월 말 95%의 기술 자립 달성에 마침표를 찍을 수 있었다.

그로부터 몇 년이 흐른 후, 영광 3, 4호기 설계가 거의 끝나는 단계에서 필자는 월성 2, 3, 4호기의 설계 책임자로 자리를 옮겨 수시로 캐나다를 방문하고 있었다. 기내에서 우연히 당시의 한전 사장을 만난 적이 있었다. 나는 찾아가 정중히 감사의 인사를 드렸다.

"당시 기술 자립에 보여주신 사장님의 결심에 의해 오늘날 원전 기술 자립이 성취되어 대한민국은 이제 선진국과 같이 원전을 스스로 설계할 수 있는 역량을 가진 나라가 되었습니다."

그분은 싱긋이 웃으며 모든 것을 우리 기술자의 노력의 공으로 돌리셨다. 그분 말씀 몇 마디에 필자는 말할 수 없는 감동의 전율을 받았다. 참으려는 노력에도 불구하고 나의 두 눈에 이슬이 맺히는 것 같아 얼른 재삼 감사의 인사를 드리고 돌아선 기억이 새롭다.

"사장님, 정말 훌륭한 일 하셨습니다. 감사합니다."

원자력 기술 자립에 잊어서는 안 되는 분이 어찌 이분들뿐이겠는가? 수많은 기술자의 노력에 의해 당당하게 우리는 세계 속에서 우리

원자로 계통 설계의 기술 자립 궐기 현장(1987)과
기술 자립 성취기념 기술자립비(1995)

의 손으로 원자력 발전을 설계, 건설, 제조, 운전, 관리에서 선진 기술을 개발해 나갔던 것이다. 마침내 우리의 소망인 원전 수출까지 달성할 수 있었다. 당시 2009년 말, 아랍에미리트(UAE)에 수출을 성공시킨 낭보를 접했을 때, 밤잠을 설친 이들이 하나둘이겠는가? 연이어 한국원자력연구소에서 요르단에 연구용 원자로 수출 소식도 같은 맥락이다.

이제 한국원자력연구소는 더 이상 한반도의 조그마한 위상의 연구소가 아니며 한국전력을 포함, 모든 원자력 가족, 한국수력원자력(주), 한국전력기술(주), 한전원자력연료(주), KPS, 두산중공업(주), 현대, 대우, 삼성, GS, 대림, SK 등 많은 원자력 관련 회사는 더 이상 국내에만 안주하는 회사가 아니다.

최근에 발간된 세계적인 원자력 뉴스 *WNN(World Nuclear News)*이 한국 원자력의 장래를 톱 3로 보고 있듯이, 이제 우리는 세계 원자력을 이끌 수 있는 역량을 충분히 그리고 당당히 갖추고 있는 것이다.

다. 계약에 명기된 해석을 최소화시키려 하는 그들의 입장은 당연했다. 그래서 인간 유대 관계를 공고히 하면서 기술과 자료, 특히 결과의 원천을 알 수 있는 비장(know-why)의 기술을 확보하는 데 최선을 다했다. 이러한 과정은 기술자 각자에게는 자기 개발이라는 우선적 목표가 있었겠지만, 뚜렷한 국가관이 없었다면 불가능했을 것이다.

1차 관문인 기술 자립이 완성되자 바로 다음 단계의 목표를 설정했다. 한국의 고유 원전 표준 모델을 개발하는 것이었다. 마치 자동차 회사가 회사마다 그들의 고유 모델이 있듯이, 원자력발전소 역시 우리의 표준 모델이 필요했기 때문이다. 따라서 자립한 기술을 근간으로, 원자로 계통 설계와 발전소의 플랜트 설계, 그리고 주기기 제조 기술 등, 관련 연계 사항을 확인하면서 한국 실정에 가장 합당한 최적의 한국형 표준 노형을 개발하기로 한 것이다. 첫 번째 표준 모델은 OPR1000(Optimized Power Reactor 1,000MW)이었다. 이 표준 모델은 우리와 CE가 공동 설계한 영광 원전 3, 4호기의 설계를 근간으로 운전 경험의 설계 특성을 가미한 세계 유일의 노형이다.

한편으로 OPR1000의 표준 모델을 설계, 건설하면서 우리 기술진은 여기에 머물지 않고 새로운 제3세대 원전 설계를 개발해 나갔다. 즉, OPR1000 표준 설계를 기준으로 용량 40% 증대, 설계 수명 60년 확장과 함께 피동 안전성 개념을 접목시켰다. 그동안 한국은 OPR1000의 표준 모델을 복제 건설하는 장기계획을 수립, 연속 10기의 표준 모델을 건설해 안전성과 경제성을 크게 향상시키는 결과를 가져왔다. 신기술의 제3세대 표준 원전 설계인 APR1400(Advanced Power Reactor 1,400MW)은 국내 최초로 신고리 3, 4호기에 건설되고 있으며, 건설 중인 2009년 말, 이 모델을 아랍에미리트(UAE)에 첫 수출하여 한국의 원전시장을 세계로 옮기는 시발점을 만들었다.

한국 표준 원전 OPR1000의 영광원전 단지

한국의 표준 원전 모델에 대해 좀 더 설명하기로 한다. 시설용량 1,000MW급인 OPR1000 표준 원전은 안전성 증대와 경제성을 향상하려는 목표로 추진된 것이다. 이 또한 정부의 적극적인 지원이 있었다. 발전소가 어떠한 여건에서도 피동적으로 작동할 수 있도록 안전성이 강화되었고, 발전소 용량을 증대하는 세계적 추세를 따랐는데 이는 경제성을 향상시킨다는 관점에서 그 이유를 찾을 수 있다. 현재 운전 중인 대부분의 원전은 제2세대이다. 우리가 신기술로 개발한 ARP1400 설계 모델은 제3세대 원전이다. 미국의 AP1000, 프랑스의 유럽형 원전(EPR)과 동종의 기술이다. 개선된 안전성 주요 항목은 비상 노심 냉각 기능 등 중대사고에 대한 대책 강화와 지진에 견디는 내진 등급의 향상, 피동 안전 특성이 채택된 것을 들 수 있다.

그리고 한국은 APR1400의 건설과 함께 이보다 한 차원 높은 안전성을 확보하면서 국내 원천 기술을 사용한 APR+를 설계 중이다. APR+노형은 용량을 1,500MW로 상향시켰으며, 2012년까지 설계를 마치고 국내 규제기관에는 물론 해외 수출을 위한 목적으로 미국 규제위원회에 인허가 승

국내 최초로 건설 중인 1400MW의 신고리 3, 4호기

인을 받을 예정이다.

우리나라에 운전 중인 원전은 고리, 월성, 영광, 울진 등 4곳의 원전부지에 총 23기가 있으며, 원전 시설 용량은 20,716MW 규모이다. 현재 건설 중인 원전은 신고리 부지에 3기, 신월성 부지에 1기, 신울진 부지에 2기 등 총 6기이다. 향후 2030년까지 원전 시설 용량은 전체 전력 시설 용량의 41%(전력 점유율은 59%)의 목표로 추가 건설될 계획을 가지고 있다.

세계를 앞서가는 한국 표준 원자력발전소

한국 원전의 국제 경쟁력은 세계 최고 수준이다. 원전의 안전성과 운전성을 들 수 있는데 이렇게 우수한 신뢰성이 바로 경쟁력을 만들어 내고 있는 것이다. 더욱이 한국은 탈석유 정책과 환경 보존의 목표 아래 지속적으로 원전을 건설해 왔기 때문에 풍부한 건설 경험과 운전 경험을 갖게 되었는데 이것이 바로 국제 경쟁력의 밑거름이 되었다. 즉, 한국의 원전은 2000년대에 진입하면서 평균 가동률을 90% 이상 유지함으로써 세계 평균치보다 13% 이상 높다. 이 기록은 우리의 기술 원천국인 미국과 대등한 경쟁 관계가 되었다. 한편 발전소의 계획된 정지가 아니고 불시에 정지되는 비(非)계획 발전 손실률 지표를 비교해 보면 최근 우리나라는 0.7%인데 세계 평균 지표가 4.9%로서 우리의 원전 관리 능력이 월등함을 알 수 있다.

한국의 표준 원전 건설비는 국내에 건설할 경우, kW당 약 2,300달러로 프랑스, 일본 등 동급의 제3세대 원전 중에서 가장 경제성이 좋은 것으로 나타났다. 안전성 측면에서는 프랑스와 미국의 피동 안전 특성의 장점을 채택한 복합 안전 계통(hybrid safety system)으로 설계되어 있어 매우 우수한 기술로 평가받고 있다. 현재 개발되고 있는 APR+ 설계가 완료되면 또 다른 평가를 받게 될 것이다.

한국의 원전 기술 자립에 거는 기대

우선 한국의 원전 기술 자립의 배경을 되돌아볼 필요가 있다. 한국은 1970년대 강력한 경제 개발을 추진하고 있어 전력 수요가 지속적으로 급증했고 별도의 대책이 필요했다. 안정적인 전력 공급이 바로 지속 가능한 경제 개발의 원천이 됨은 주지의 사실이다. 에너지 자원이 없으나 우수한 두뇌와 전문 인력을 가진 한국의 여건을 고려해 정부는 원자력에 의한 전력 공급을 주도하는 정책을 수립했다. 이렇게 정부의 강한 원자력 개발 의지와 함께 원자력 사업을 추진하면서 무엇보다 기술의 중요성과 기술 자립을 달성해야겠다는 목표를 갖게 해주었다. 한국의 원전을 도맡아 건설하던 미국의 웨스팅하우스는 계약 도급자로서 기술 이전에 극히 인색했다. 한국 기술자에게 기술이 전해질까봐 기술 자료의 유통을 철저히 막음으로써 현장에 같이 근무하던 우리 직원들로부터 많은 원성은 물론 울분을 토로하게 했다.

이에 정부는 장기적인 관점에서 원자력 기술의 자립이 바로 대한민국의 안정적이고 지속 가능한 전력 확보 방안이라는 사실을 확인하고 원전 기술 자립에 대한 지원계획을 수립했다. 그때가 바로 신규 원전이 추진되던 영광 3,4호기 건설계획을 확정하던 때였다. 즉, 정부는 영광원전 3,4호기의 건설과 함께 원자력 기술 자립을 완성한다는 정책을 1983년 6월 확정했다. 한국은 우연히도 TMI 원전사고에 따라 세계 원자력 산업의 침체기가 진행되는 그 기간에 원전 기술 자립을 하게 되어 한마디로 절호의 기회를 갖게 되었다. 우리는 우리 입맛에 제일 알맞고 현실적인 조건을 제시할 수 있었고, 그들이 수행하던 핵심 기술을 한국에 넘길 수밖에 없었다. 더욱이 계약에 앞서 협상 기간에 우리의 완벽한 추가 조건을 수락한 회사와 기술 전수 계약을 체결할 수 있었다.

우리나라의 원자력 개발 주춧돌을 이승만 대통령이 놓았다면 경쟁력 있는 전력 공급을 위해 원자력발전소를 도입하고 경제 발전의 터를 닦은 분은 박정희 대통령이라 감히 말할 수 있다. 그리고 원전을 국내의 안정적이고 지속 가능한 발전 방식으로 자리매김하여 해외 수출상품으로 개발할 수 있도록 기술 자립을 하게 해 준 전두환 대통령이 있었다. 이렇게 원자력 개발은 언제나 국가 통수권자의 관심 사항이었고 대통령의 관심에 따라 크게 발전해 나갈 수 있었다. 외국에서도 비슷한 경우가 프랑스이다. 프랑스는 제2차 세계대전 후 프랑스의 재건에 가장 중요한 것이 전력산업이라 판단하고 그 해결 방안을 원자력에 두었다. 바로 드골 대통령의 결정과 이를 줄기차게 개발한 미테랑 대통령을 꼽을 수 있으며, 해외 원전 수출사업은 사르코지 직전 대통령을 들 수 있다. 이에 비해 원전을 정부의 주관에서 시장경제에 맡긴 미국, 영국, 일본 등은 원자력 개발에 현실적으로 어려움을 겪고 있다. 이번 후쿠시마 원전사고의 사후 수

습에서도 전력회사인 도쿄전력과 정부의 발표가 상이한 것을 우리는 눈여겨보았다. 한국의 우수한 원전 실적과 고유한 원전 표준 모델이 있음에도 해외 수출 경험이 없어 고민했지만 이명박 대통령은 민간 CEO 출신답게 한국 표준 모델인 APR1400 4기를 아랍에미리트(UAE)에 수출하는 데 적극적으로 지원해 주었다. 한국이 원전 기술 자립 95%를 달성한 지 꼭 14년째 되던 해였다. 이는 시작에 불과하고 앞으로 세계의 신규 원전 사업에 미국, 프랑스와 함께 삼두마차로 한국의 기술이 세계로 본격 진출할 날도 멀지 않았다.

한국의 원자력 기술에서 가장 돋보이는 부분은 안전성과 운전 가동률이다. 이렇게 높은 가동률의 근본 요인은 몇 가지가 있지만 무엇보다도 전력회사의 많은 운전 경험에 따른 운영 관리 능력이 뛰어나다는 것은 말할 나위가 없다. 그리고 이에 못지않게 핵연료의 우수한 연소 성능을 들 수 있다. 핵연료가 건전하지 못하게 되면 연료 파손에 따라 운전을 정지해야 하는 경우가 발생하지만 우리의 핵연료는 우수한 설계를 기준으로 완벽한 품질 절차에 따라 제조되므로 어느 나라 못지않게 우수하다. 이제 세계 여러 국가에서 한국의 핵연료 구매를 상담하기에 이르렀다.

한국은 현재의 기술에 만족하지 않고 끊임없이 새로운 기술을 개발하려 노력하고 있다. 추진 중인 APR+ 표준 노형은 APR1400보다 용량을 증대하고 피동 안전성을 강화한 원자로이다. 미국의 유수 전력회사는 물론, 유럽의 전력회사가 한국의 핵연료 기술에 손을 내밀고 있다. 한전 원자력 연료는 미국의 엔테지(Entegy) 등 여러 전력회사와 북구 스웨덴의 전력회사(Vatenfall) 등과 기술 협력을 협의하고 해외에 핵연료 수출의 길을 열고 있다.

한국은 여러 국가와 수출 협의를 진행하고 있다. UAE 수출로 수출 실적을 쌓은 우리나라 원자력 산업계는 터키, 인도, 인도네시아, 베트남, 말레이시아 등과 수출 협의를 진행하고 있다. 아시아뿐 아니라 동구 및 우리 기술의 원조에 해당하는 미국에도 수출할 수 있는 날이 올 것이다. 이는 한국의 지혜이고 결속력이 강한 기업 정신에 근거를 두고 있기 때문에 가능하다고 본다. 원자력 산업을 한국의 수출 동력산업으로 성장시키고 있으며 가까운 장래에 좋은 결과나 나올 것이다.

5. 원자력 발전 기술 개발 전망

원자력 발전 기술 현황

제2차 세계대전이 끝나고 1953년 12월 8일 미국 아이젠하워 대통령이 UN 총회에서 원자력의 평화적 이용(Atoms for Peace)을 주창함에 따라 원

아이젠하워 대통령의 UN 총회 연설 장면

자력 시대가 도래했다.

그 결과 잠수함 동력으로 시작된 원자력 에너지 이용은 1950~1960년대에 소위 제1세대 원전이라 불리는 영국의 콜더 홀(Calder Hall), 미국의 시핑 포인트(Shipping Point) 등을 시작으로 운전되기 시작했다. 1970년대에 원전 2세대 기술이 도입되었는데, 한국이 최초로 도입한 고리 1호기 등이 여기에 속한다. 그뿐만 아니라 아직도 2세대 원전이 건설 중이기도 하다. 한국의 OPR1000는 2세대의 기술에 새로운 설계 개념이 접목된 것으로 제3세대 원전과 중간에 있다고 할 수 있다.

이를 근간으로 안전성 등 신기술의 접목은 물론, 경제성 향상에 부합하는 대용량 원전 개발의 필요성이 자연스럽게 대두되었다. 가압경수로 노형에서는 한국의 APR1400을 포함해 미국, 프랑스의 제3세대 원전이, 그리고 비등경수로에서는 미국의 ESBWR, 일본의 ABWR 등이 있다. 한국은 원전 용량을 더욱 증대하고 기술 개선을 고려해 새로운 제3세대+ 기술인 APR+를 개발하고 있다.

한국 최초의 원전 수출—세계 여섯 번째 원전 수출국

최초의 원전이 한국에 도입된 것은 1978년의 일이다. 그리고 1995년 95%의 국산화를 달성하고 외국에 의존해 온 원천 기술을 하나둘 소화하면서 국내 고유 기술로 특허에 등재해 나갔다. 이러한 노력은 국내 신규 원전의 자력 건설 능력을 확보하게 했고, 한 발 나아가서 해외 원전 수출의 토대를 마련하는 결과로 이어졌다. UAE에서 그 첫 번째 결실이 맺어졌는데 당초 2009년 9월에 최종 낙찰자를 선정하기로 했으나 같은 해 12월로 연기되자 내외적인 여론은 '한국이 프랑스, 미국 및 일본의 벽을 넘기가 쉽지 않다'는 분위기가 감돌았다. 한국은 처음부터 구매자에 대해

UAE와 원전 계약을 마친 이명박 대통령(2009. 12)

지속적으로, 그리고 진지하게 지상전을 펼쳐 초반 전세는 매우 좋았다. 또한 UAE 입장에서도 매우 만족해하고 있었던 터였다. 그러나 막판 프랑스와 일본의 공중전에 의한 융단폭격이 가해지는 형태가 되어 역전의 기류가 감지되고 있었다.

그러나 이러한 예상을 뒤엎고 한국이 최종 승리자의 자리에 서게 되었다. 2009년 12월 27일 연말 송년회가 한창이던 때에 낭보가 날아들었다. 그동안 한국은 전시작전실 같은 워 룸(War Room)을 설치해 철저한 통제하에 약 1,200여 페이지의 입찰 서류를 제출했고, 이에 대한 답변을 우리의 기술력에 바탕을 두고 제시했는데, 이것이 UAE의 전력공사(ENEC)를 감동시킨 것으로 알려졌다. 고객의 질문에 답변까지 정리한 입찰제안서는 영문으로 무려 1,800페이지에 달했는데 이는 최고의 명품으로 역사에 기록될 것이다. 원전 4기, 5600MW 규모의 원전을 수출하게 되는데 건설

공사 자체는 200억 달러이며 향후 유지 보수 등을 포함하면 천문학적 수치인 총 400억 달러의 규모가 될 것이다. 200억 달러는 NF소나타 100만 대와 30만 톤급 초대형 유조선 180척의 수출과 맞먹는 금액이다. 한국의 원전 수출은 세계 여섯 번째로 기록되며, 이러한 분위기는 더욱 강력하게 세계로 뻗어나갈 수 있을 것이다.

2030년 원전 3대 선진국으로 도약

한국의 원전 가동률이 높은 것에 대해 외국의 여러 국가가 많은 관심을 가지고 있다. 이러한 가동 원전의 기술에 새로운 설계 특성을 가미한 최신 기술인 한국 표준 원전 APR1400의 우수성을 UAE는 물론 원전을 도입하려는 세계 각국의 높은 평가와 함께 한국과 손을 잡고자 적극적이다.

정부는 오는 2030년까지 약 80기의 원전을 수출해 개발도상국들의 원전 도입을 적극 지원함으로써 총 수주 예상의 20%를 달성한다는 계획을 갖고 있다. 이렇게 되면 원자력 분야가 한국에서 자동차, 반도체, 조선 등에 이은 차세대 수출산업으로 자리 매김하게 되며, 미국과 프랑스에 이어 3대 원전 선진국으로 도약하게 되는 것이다. 이를 위해서는 원전 도입의 희망 국가별로 그들이 요구하는 다양한 요건에 맞출 수 있도록 선택 사항이 가미된 수출 다양화를 기할 수 있어야 하고, 글로벌 경쟁력을 높여야 하며, 전문 기술 인력 양성, 원전 연료의 안정적 확보, 핵심 기자재 수출 역량의 확충 등을 통해 원전 수출산업 체제를 강화해 나가야 할 것이다. 또한 원전 자체의 일괄 수출인 플랜트 수출도 중요하지만 부품별 수출도 중요하다. 두산중공업이 미국의 AP1000 원자로의 주기기를 중국에 수출한 것이 하나의 예이다.

미래의 원자력 기술—제4세대 원자로

원전 운전에서 발생한 사용후 핵연료의 재활용과 함께 우라늄 사용의 효율을 높일 수 있는 새로운 제4세대(4th generation) 원자로가 개발되고 있는데, 앞서 언급된 대로 제4세대 고속로 기술이다. 고속로에 핵연료를 사용하면 우라늄 이용 효율을 약 100배로 증가시킬 수 있다. 또한 사용후 핵연료의 독성을 감축할 수 있고 방사성 폐기물의 부피도 80~100분의 1로 줄일 수 있다. 한국을 포함해 13개국이 공동 참여하고 있는 제4세대 국제 포럼은 원자로의 후보 노형인 소듐 냉각 원자로(SFR), 초고온 가스로(VHTR) 등 6개를 확정한 바 있고, 나라마다 관심이 다르지만 우리나라는 소듐 냉각 고속로와 초고온 가스로 설계에 참여하고 있다. 현재 핵연료 사용에 따른 악티니드(actinide) 주기의 국제 실증 과제, 기기 설계 및 보조 설계 과제를 참여하고 모든 국가와 공동 연구를 추진 중에 있다.

한국이 참여, 개발하려는 소듐 냉각 고속로는 소듐을 냉각재로 사용하고 경수로에 비해 고(高)에너지의 중성자를 이용해 핵분열을 일으킨다. 따라서 연료 증식과 고(高)방사성 독성물질을 효과적으로 연소시키는 장점을 갖고 있다. 핵연료는 한국원자력연구원에서 연구가 진행 중인 사용후 핵연료의 건식 재처리인 파이로 공정을 거쳐 원자로의 핵연료로 사용할 수 있다. 이 핵연료에는 플루토늄과 함께 악티니드 계열의 독성이 높은 핵종을 연소시킬 수 있어 폐기물의 양과 독성을 감소시킬 수 있다.

고속로의 개발 현황은 초기 단계이다. 전 세계를 보면, 실험용 고속로 11기, 원형로 3기, 실증로 1기의 원자로가 운전 중이었는데 일부는 폐쇄되거나 또는 폐로 과정에 있다. 현재 가동 중인 고속로는 6기이며 건설 중인 고속로는 2기이다. 프랑스는 소듐 냉각 고속로의 원형로(600MW급)를 2020년까지 가동한다는 목표를 가지고 있다. 일본은 2025년에 실증로

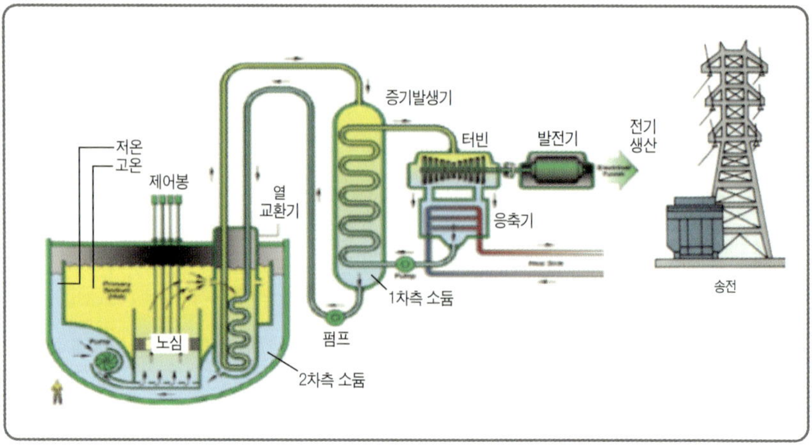

[그림 3-5] **꿈의 원자로인 고속로 원전 계통도**

계획이 있었지만 지난 후쿠시마 원전사고로 차질이 예상된다. 러시아는 2014년에 실증로(BN-800), 2020년까지 1,200MW의 상용 원자로를 건설할 목표로 추진하고 있다. 중국은 2011년에 75MW의 소형 고속로가 임계에 도달, 전력을 생산하고 있으며, 2012년까지 원형로(500MW)를 건설할 예정이며, 이와 같은 상업용 원자로 6기를 2020년까지 동시에 건설한다는 계획을 갖고 있다.

한국은 1997년부터 소듐 냉각 고속로의 핵심 기반 기술 과제를 추진했고, 이와 연계해 국제 공동 연구에 참여하고 있다. 이미 600MW의 고속로 개념 설계를 완성한 바 있으며, 2017년까지 고속로의 실증 시험을 완료한다는 계획인데, 고속로 핵연료인 파이로 공정(pyroprocess) 일정과 연계해야 하지만 이는 한미 원자력 협정과 관련이 있다.

파이로 공정 기술은 사용후 핵연료를 재처리하던 종전의 방법과 달리 약 500℃ 이상의 용융 염매질과 전기를 이용해 전기화학적으로 불순물 플루토늄을 분리하는 방안이다. 아메리슘 등 악티니드 계열에 포함된 핵종과 함께 플루토늄을 분리해 고속로 핵연료로 사용한다는 논리이다. 이럴 경우 핵 비확산성이 보장된다는 측면에서 우리와 같이 사용후 핵연료의 재처리가 어려운 국가에 맞춤형 기술로 평가받고 있다.

또 다른 제4세대 원자로인 초고온 가스로는 950℃의 고온의 열을 이용해 물을 화학적으로 직접 분해하여 대량의 수소를 안전하고 깨끗하며 경제적으로 생산할 수 있는 수소 생산 원자로이다. 수소 생산 목적 이외에 높은 열을 이용해 합성 연료 생산, 공정열(프로세스 열) 공급 등 다목적으로 활용할 수 있다. 한국은 이미 2006년부터 정부 과제로 기술 개발에 착수한 바 있으며, 원자로 계통 개발은 한국원자력연구원, 수소 생산 및 이용 기술 개발은 한국에너지기술연구원과 카이스트 등 여러 기관이 업무 분담을 하여 이를 추진하고 있다. 2008년 한국원자력위원회는 "원자력 이용 수소 시스템 개발 장기 추진계획"을 의결했는데, 2022년까지 실증 시설을 건설 후 실증 및 운전 경험을 쌓으면서 2030년까지 상용화를 목표로 사업을 추진하고 있다.

다음은 중소형 원자로 기술 개발의 중요성이다. 원전을 도입하려 하지만 자국의 전력망 사정 때문에 대형 원전의 도입이 불가능한 국가에는 중소형 원전이 필요하다. 그리고 열 에너지를 이용해 해수 담수화 목적의 특수성을 가진 국가도 대상이다. 국제원자력기구(IAEA)는 전기 출력 300MW 이하의 원자로를 소형 원자로로, 그리고 700MW까지를 중형 원자로로 정의하고 있다. 러시아는 쇄빙선 동력원으로 소형을 개발해 적용하고 있고, 또한 해수 담수화와 시베리아 개발의 동력원으로 개발하고 있다. 러시아의 VK300 및 SVER100, 미국의 SMR200와 mPower150, 프랑스의 SC-HTGR250(Areva) 등 노형이 소개되고 있다.

한국이 개발 중인 SMART 원자로는 전력 생산 및 열을 이용하는 다목적 원자로이다. 열출력 330MW이며, 용도에 따라 일부는 전기 생산, 일

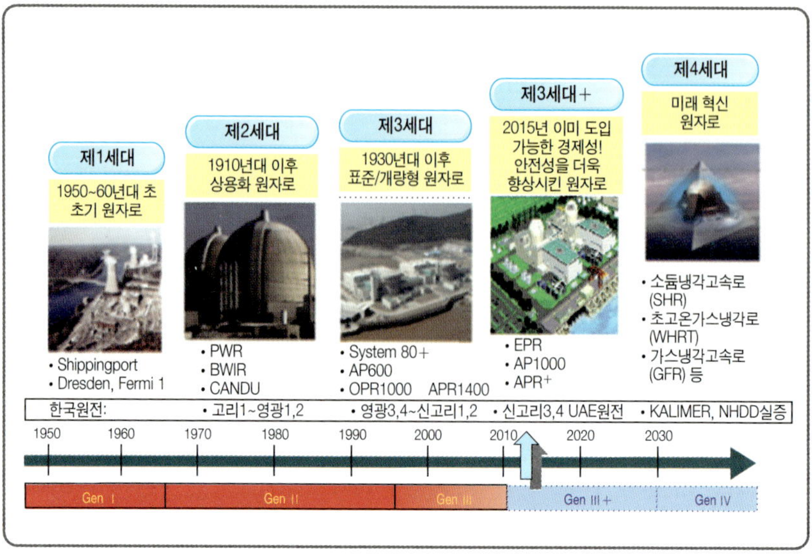

[그림 3-6] **원자력 기술 개발 역사 로드맵**

부는 담수 생산이 가능하다. 이 용량으로 인구 10만 명을 수용할 수 있는 곳에 전기와 4만 톤의 담수를 공급할 수 있다. 원자로, 증기 발생기, 급수 펌프 등 1차 계통의 주요 기기 및 부품이 원자로 내에 설치되어 있는 것이 특성이고, 피동형 잔열 제거가 가능한 원자로이다. 한국원자력연구원이 개발하고 있고 국내 산업체가 공동 참여하고 있다. 원자로 내에 주요 기기가 수용되어 있어 일체형 원자로라 한다. 또한 고장이 났을 때, 일부 기기에 대해 교체해야 할 경우, 부품 전체를 교체해야 하므로 이로 인한 문제점이 없는지 잘 따져봐야 한다.

한국의 원자력 기술 개발은 단계별로 매우 체계적으로 이루어져 왔다. 당시 일괄 도입 계약에 의해 추진된 원전 기술은 컴포넌트 계약으로 국내 업체의 입장이 강화되었고, 다음은 이를 바탕으로 기술 개발에 도전해 성공한 기술 개발 로드맵으로 구성되어 있다.

제 4 장 우리나라 핵연료 국산화 및 기술 개발

1. 원자력 연료 주기란?

전 세계에서 운전 중인 원전 440기를 기준으로 할 때 매년 소요되는 우라늄 양은 약 64,000톤이다. 각국의 원전이 점진적으로 증가하고 있어 이를 고려하면 2035년에는 약 97,000~136,000톤의 우라늄이 소요될 것으로 전망된다. 그러나 적어도 2035년까지는 핵연료 수급에 문제가 없을 것으로 예측하고 있다. 단, 생산시설의 확충과 이에 대한 투자가 필요하다.

핵연료인 우라늄을 원자로에 사용하기 위해서는 우라늄 원광을 정련 공정에서 분말을 만들고 다시 변환 공정에서 6불화 우라늄을 만들어 농축을 하게 된다. 3~5%로 농축된 우라늄을 핵연료 설계에 따라 가공 공정을 거쳐 핵연료 집합체를 만들어 원자로에 장입하게 된다. 이러한 공정을 핵연료의 선행주기(front end cycle)라 한다. 핵연료 가공에 대해 조금 더 설명하면 저농축 산화 우라늄을 고온에서 소결시켜 펠릿(pellet)을 만들고 이를 지르코늄 합금의 피복관에 넣어 다발로 묶은 연료 집합체를 가공한다. 이 연료 집합체를 원자로에 장입해 핵분열을 일으키게 하여

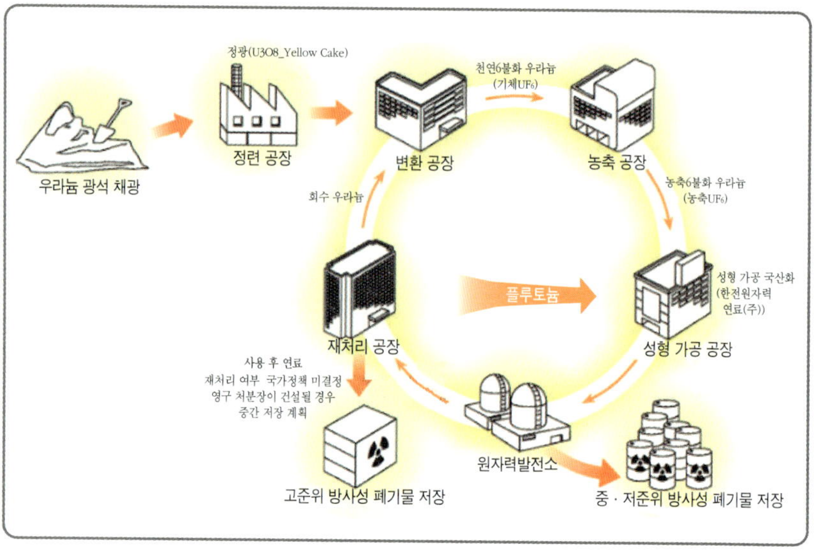

[그림 4-1] **핵연료 주기(fuel cycle)**

막대하게 발생하는 열 에너지를 이용해 전기 에너지를 만드는 것이다.

연료 집합체를 원자로에 넣어 일정 기간 연소를 시키고 난 뒤, 새로운 핵연료와 교체하게 되는데, 교체된 사용 핵연료를 사용후 핵연료(spent fuel)라 한다. 2000년 이전에는 대부분 1년에 한 번 정도 교체했지만 지금은 1년 반 만에 교체한다. 기술 개발로 고(高)연소에 의한 새로운 설계의 신형 핵연료에 대해서는 향후 2년 만에 교체될 수 있을 것이다. 사용후 핵연료는 재활용할 수 있는 잔존 가치가 있어 재처리 공정을 거쳐 플루토늄을 추출한 뒤 이를 핵연료로 재사용하는 국가가 상당수 있다. 이렇게 사용후 핵연료에 대한 일련의 과정을 후행주기(back end cycle)라 한다. 후행주기 과정 중, 재처리 등에서 발생하는 폐기물은 고준위 방사능을 띠고 있기 때문에 관리에 만전을 기해야 한다. 처음 사용후 핵연료를 원자로에서 추출했을 때는 가장 높은 방사능과 열이 발생하므로 물로 채

워진 저장수조(pool)에 장기간 보관해야 한다. 재처리를 위해 적어도 1년 반은 냉각시켜야 하는데, 사용후 핵연료 자체는 원자로에서 나올 때 핵분열이 일어나지 않지만 상당 기간 붕괴열을 내고 있어 반드시 냉각 과정과 차폐를 해야 한다. 물은 냉각 기능과 함께 훌륭한 차폐 역할을 한다. 가장 가동 원전이 많은 미국의 경우, 매년 발생량은 2,000~2,400톤가량이며, 현재까지 발생한 사용후 핵연료의 양은 62,700톤이다.

이상의 선행 및 후행 핵연료 주기에서 비교해 보면 후행 핵연료 주기는 강한 방사능을 띠고 있고 핵연료 임계 관리가 엄격해야 하기 때문에 관리와 함께 적용 규제가 엄격하다. 또한 원전에서 일반적으로 발생하는 방사성 폐기물과 후행 핵연료 주기에서 발생하는 방사성 폐기물은 준위가 크게 다르므로 별도로 처분해야 한다. 우리나라 경주에 있는 방사성 폐기물처분장은 원전에서 일반적으로 발생하는 폐기물을 처분하는 곳이며 후행 핵연료 주기에서 발생하는 폐기물 대상은 아니다. 현재 한국은 재처리 시설 등 후행 핵연료 주기 시설이 없고 다만 사용후 핵연료만 부지별로 보관 중에 있다. 사용후 핵연료의 재활용 등 후행 핵연료 관리에 대한 정부의 정책이 아직 확정되지 않았으며, 그 결과에 따라 관리 대책을 수립해야 할 입장이다.

2. 국내 핵연료 개발

핵연료 개발 방침 결정

원자력 기술에서 민감한 부분은 원자로 계통 설계와 핵연료 생산 기술이 될 것이다. 그리고 원자력발전소를 도입할 경우 가장 신경 쓰이는 부분은 핵연료의 안정적인 공급이다. 이러한 관심은 원자력발전소 도입과 함께 제기되는 핵심 사항이다. 우리가 원전 도입 초기 단계에서 미국 기술을 도입할 때도 그랬고, 우리와 계약한 UAE 또한 원전 도입 협상에서 핵연료 공장 건설에 대한 관심이 매우 높았던 것이 사실이다. 바로 핵연료의 안정적인 공급에 초점을 맞추고 있는 것이다.

한국은 원전 핵심 계통인 원자로 계통(NSSS)의 기술 자립 이전에 핵연료를 먼저 국산화하고자 했다. 원자로 계통과 핵연료의 기술 자립은 당시의 당면 과제였다. 이미 원전 기술 자립에 대해 설명한 바 있어 여기에서는 핵연료의 기술 자립에 대해서만 설명하기로 한다. 핵연료는 사용한 핵연료를 다시 재활용할 수 있기 때문에 매우 중요하다. 그러나 핵연료의 목적 이외의 사용 가능성, 즉 핵무기 제조 등 군사적 이용과 연관해 매우 민감한 사안이 있기 때문에 철저한 국제 사찰을 받아야 한다. 그만큼 핵물질 취급에서 철저한 검증 절차가 필요하며 또한 결과에 대한 투명성이 보장되어야 한다.

한국에서 핵연료 국산화 방침 결정은 한미 간의 외교 관계가 어려웠던 시절과 관련이 있다. 미국은 한국이 핵무기 개발을 할 것인지에 대한 의구심에 찬 눈초리로 보던 때가 있었다. 1976년 당시, 박대통령은 원전 도입 등 평화적 이용은 물론 군사적 이용에 대해서도 관심이 많았다고 여러 언론이 보도한 바 있다. 이때부터 미국은 한국에 철저하게 재처리 등 민감한 기술에 대해서는 연구개발(R&D)을 허용하지 않는다는 입장을 고수했다. 한국은 결국 원자력의 평화적 이용에만 집중하게 되었다. 이로부터 한국은 사용후 핵연료 재처리 기술만을 제외하고 핵연료 설계 및 생산에 관련된 핵심 기술의 기술 자립을 국가 계획으로 추진할 수 있었다.

핵연료 전문회사 한국원자력연료(주) 설립 및 성형 가공 시설 건설

1970년대 초 세계적인 석유 파동을 겪으면서 원전 도입의 붐이 일어났다. 한국도 고리 1호기를 도입하면서 원전 국가의 기초를 다지게 되었다. 그러나 가장 관심이 많은 현안 사항은 핵연료의 장기적인 안정적 공급에 있었다. 이를 해결하기 위해 당시 정부는 준비팀을 구성해 준비 작업에 착수했고, 경제장관회의(1981. 7. 30)를 거쳐 1982년에 한국핵연료주식회사(현 한전원자력연료주식회사)를 공식적으로 출발, 등기를 마칠 수 있었다. 당시 정부의 결정은 외국 기술과의 합자회사를 유치, 설립하는 것이었다. 그러나 합자회사는 외국의 입김이 상당 기간 좌우될 수 있으므로 국내 전담회사가 기술 도입 방식을 택해 기술을 자립해 핵연료를 생산한다는 방향으로 선회했다.

제31차 경제장관회의

한국핵연료주식회사와 한국원자력연구소는 1985년 독일의 KWU를 기술 도입선으로 택하고 본격적인 국산화에 착수했다. 첫 번째 성형 가공 공장을 1986년에 착공해 1988년에 완공함으로써 가압경수로용 핵연료의 국내 생산에 첫발을 내딛을 수 있었다. 이는 우리나라 최초의 원전인 고리 1호기가 준공된 지 10년 만의 일이다.

지르코늄 합금 핵연료 피복관 국산화

핵연료 국산화 역시 국내 인프라가 중요한 변수였다. 지르코늄은 국가 전략물자로 기록될 만큼 중요한 핵연료 재료였다. 전량 외국에 의존하던 이 재질을 국산화하기 위해 2002년 정부의 승인을 획득해 과제를 추진했다. 2008년까지 만 6년에 걸친 노력의 결실로 국산화에 성공했다. 연 1,400km의 지르코늄 합금 튜브를 생산할 수 있는 상용 공장을 운영해

여러 종류의 핵연료 피복관

국내의 다양한 핵연료의 피복관용으로 이를 공급하고 현재 일부는 브라질, 미국 등 외국에 수출하고 있다. 이 시설의 국산화는 매우 뜻이 있다. 외국에서 연 200억 원 이상의 현물 재료를 도입하면서 외화를 지불해 온 것을 개선한 것은 물론, 국내에서 생산하게 되어 약 11%의 원가를 절약할 수 있고 고용 창출 효과도 클 수밖에 없었다. 향후 국내의 증가되는 핵연료 생산은 물론 해외 수출을 위해 증축이 불가피해 제2공장이 필요하게 되었다. 물론 이 시설은 국내 자본과 기술로 가능하다.

또한 핵연료 피복관의 생산 기술은 발전소의 증기 발생기 세관 제조 기술과 기술이 동일해 현재까지 외국에 의존하고 있는 증기 발생기의 세관 국산화를 이룰 수 있게 되었다. 원전 1기의 건설에 외국에서 도입하는 세관 구매 비용이 무려 200억 원 이상이다. 이에 따라 한전원자력연료는 정부 과제를 활용해 국산화를 추진 중이다.

쉬어가기

중수로 핵연료 국산화와 서경수 박사

미국에서 도입한 가압경수로의 핵연료 국산화는 정부가 국산화 필요성을 충분히 인지했고, 이에 대해서는 강력한 지원을 했다고 할 수 있다. 이에 비해 보완 노형으로 캐나다에서 도입된 중수로 핵연료는 그런 기회를 갖지 못했다. 그러나 한국원자력연구소는 생각이 달랐다. 원자로의 계통이 고압 조건에서 운영되고 있는 경수로보다 중수로 핵연료 국산화가 더 쉽다는 데에 착안해 기술 도입비 없이도 자력으로 기술을 확보할 수 있다는 계산에서 이 분야의 기술 자립에 나선 것이다. 그러니까 가압경수로 핵연료 기술 자립과는 완전히 다른 길로 간 것이다.

이를 위해 한국원자력연구소는 캐나다원자력공사와 비공식적으로 논의해 본 적은 있었다. 그들이 당시 금액으로 120억 원의 엄청난 기술료를 요구해 사실상 기술 도입은 포기하기로 한 것이다. 기술자들이 기술 자료를 수집하고 의문점을 해결하기 위해 월성 현장을 수없이 방문해 때마침 도착한 핵연료의 외형을 분석했다. 아마도 공급자 몰래 사진과 비디오를 찍기도 했을 것이다. 이러한 노력과 함께 연구소 전문가들은 역(逆)설계를 수행했다. 당시 이 발전소를 턴키로 도입하고 있어 발전소 건설 책임은 전적으로 공급자인 캐나다원자력공사에 있었다. 그렇지만 국익에 대한 것으로서 한국전력 간부들은 연구소 기술자들이 하는 일을 가능한 한 도우려 했다.

실물의 크기를 정밀하게 재고 모양을 본뜬 다음 재료와 특성들을 면밀히 분석해 나갔다. 일종의 복제 핵연료를 만든 것이다. 첫 번째 어려움은 연료봉에 들어가는 소규모 핵연료인 길이 및 직경이 1.5cm도 안 되는 원통형 펠릿(pellet)을 만드는 것이었다. 이 원통형 핵연료를 만들기 위해 우라늄 가루를 1,700℃의 고온에서 8시간 소결해 내야 했다. 연구진의 수없는 반복과 노력으로 결국 이를 실현할 수 있었다. 다음 단계는 이를 연료봉에 담는 과정인데, 이 연료봉을 제조하는 것 역시 쉬운 일이 아니었다. 37개의 연료봉을 하나의 다발로 제조하게 되는데 제조된 다발은 바로 원자로에 장전하게 되는 것이다. 연료봉을 다발로 조립하는 데는 특수한 용접 기술이 필요했다. 이 역시 어려운 기술이었지만 수많은 시행착오를 거쳐 성공할 수 있었다. 결국 1883년에 월성원전의 핵연료 시제품이 만들어졌다.

순수 우리 기술진에 의해 기술 자립한
중수로 핵연료

이 시제품의 성능을 확인하는 방법은 원자로에서 조사(고온, 고방사선 조건에서 일정 기간 태우는 일)해 봐야 한다. 실제 월성원전과 같은 조건에서 적절한 시간의 방사선과 높은 온도에서 시험을 해 봐야 성능을 확인할 수 있는 것이다. 그 시험을 할 수 있는 조사 원자로는 캐나다의 엔알유(NRU)였다. 이 시험조사 비용을 사전에 확인해 본 결과 캐나다 돈으로 3백만 달러를 요구했다. 이 돈은 당시 한국원자력연구소에서 핵연료 개발비로 사용할 수 있는 금액의 2년분에 해당하는 매우 높은 비용이었다. 당기고 밀고 하는 우여곡절 끝에 최종적으로 40만 달러에 양 기관이 합의했다. 조사 결과는 노력의 결과만큼이나 만족스럽게 나왔다. 훌륭한 결과를 바탕으로 한국원자력연구소의 전문가에 의해 외국의 기술 도입 없이 중수로 핵연료 국산화가 성공할 수 있었다. 국산 기술에 의해 생산된 핵연료는 바로 월성원자력발전소에 공급되었다. 이 중수로 핵연료 기술 개발은 우리가 경수로 기술 개발에 많은 기술 전수 비용을 지급했는데 이와 매우 대조적이다.

이러한 과정에서 연구소의 담당 사업 책임자인 서경수 박사의 노력이 돋보인다. 그분의 노력과 열정에 힘입어 한국의 핵연료 국산화가 견인되었다고 해도 과언이 아니다. 그러나 서박사는 중수로 핵연료 기술 개발에 이어 개발되던 경수로 핵연료 국산화 성공은 보지 못하고 먼저 세상을 떠나셨다. 과로와 책임감에 따른 득병이 신상의 문제로 발전해 채 50세를 넘기지 못하고 세상을 달리했다. 이를 기리기 위해 지금도 그분의 흉상이 한국원자력연구원의 에너토피아 공원에 자리 잡고 있다. 열정적인 과학기술자의 표상이고 존경이며 후배 연구원들에게 귀감이 됨을 자타가 인정하고 있다.

3. 핵연료 국산화와 제2의 도약

정부의 적극적인 지원과 핵연료 기술 자립

원전 핵심 기술인 원자로 계통 설계의 기술 자립도 그러하지만 한국의 핵연료 국산화는 한국원자력연구소의 노력으로 이루어졌다고 해도 과언은 아니다. 물론 당시 전두환 대통령의 깊은 관심과 함께 한국전력의 적극적인 지원에 힘입은 바가 크다. 기술 개발과 함께 핵연료 전담조직인 핵연료개발공단을 연구소 내에 발족했다. 그러나 사업을 추진하기 위한 조직의 필요성이 대두되어 한국원자력연구소와 한국전력이 공동 출자한 한국핵연료주식회사를 탄생시켜 연간 생산량 200톤 규모의 시설을 1988년까지 완공해 발전소에 공급하기로 결정했다.

이에 따라 한국원자력연구소는 독일의 핵연료 전문회사인 지멘스-KWU(Simens-KWU)와의 계약을 체결하고 핵설계 및 노심 관리, 열수력 설계, 시제품 제작 등에 대한 기술을 전수받았다. 그렇게 하여 1990년 한국에서 만든 최초의 핵연료가 국내 원자로에 장전될 수 있었다.

이 국산화 사업은 한국원자력연구소와 국내 전문회사인 한국핵연료(주)와 공동으로 주체가 되어 추진했다. 핵연료 및 노심 설계 기술 도입선을 선정하기 위해 1984년에 기술 도입 입찰안내서를 발급했고, 5개 회사가 응찰에 참여했으며, 엄정한 평가를 거쳐 결정되었다. 기술 도입선과 함께 설계는 한국원자력연구소가, 제작은 한국핵연료(주)가 담당하기로 했다.

국내 경수로 원전에 소요되는 핵연료를 100% 국산화한다는 국가 방침에 따라 가장 먼저 생산한 연료는 한국원자력연구소와 KWU가 설계한 KOFA 연료였다. 이후 1995년부터 웨스팅하우스의 연료인 V5H 및 한국표준원전의 연료를 생산하기 시작해 100% 기술 자립을 이루게 되었다. 처음 국산화한 핵연료의 성능은 처음 시작한 부품의 결함 등으로 매우 신뢰할 수 있는 단계는 아닌 것으로 평가되었다. 그리고 그동안 수입하던 핵연료의 부품을 전량 국산화하는 계획을 수립했고, 현재 100여 종의 부품이 모두 국내에서 자급자족되고 있다.

노심 설계 기술 자립과 국내 설계의 핵연료 전량 공급

하드웨어격인 핵연료 가공 기술의 국산화는 핵연료의 가공과 최종적으로 연료 집합체를 제조해 내는 데 국한하는 것이지만 소프트웨어인 설계 엔지니어링은 근본적으로 원자로 노심 설계에 따라 좌우된다. 노심 설계에 따라 높은 핵연료 연소도의 결정은 물론 안전성과 경제성에도 직접 영향을 끼친다. 따라서 노심 설계 능력은 어느 기술 못지않게 중요하다. 한국은 일찌감치 노심 설계 기술 자립을 위해 노력해 왔다. 한국원자력연구소는 꾸준한 노력으로 기술 전문 인력은 물론 충분한 기술 인프라를 구축해 왔다. 특히 국가의 강력한 지원에 따라 외국 기술선(KWU)을 택해 노심 설계를 할 수 있는 길을 열게 된 것이다. 이러한 노력으로 한국원자력연구소는 설계 및 엔지니어링 부분을 완전 기술 자립하기에 이르렀고, CE와의 초기 노심 핵연료 설계를 통해 기술 자립을 완성했다.

정부는 기술 자립과 함께 한국원자력연구소의 기술을 산업체에 전수할 필요가 있다고 판단했다. 1996년 말 한국원자력연구소의 설계조직과 보유한 기술 자료를 모두 한전원자력연료(주)에 이관하기로 결정했다. 이로써 한전원자력연료(주)는 하드웨어뿐만 아니라 소프트웨어까지 확보한 세계 어느 국가의 핵연료 전문회사보다 우수한 기술을 확보하고 있다 하겠다.

이로 인해 한국은 핵연료의 선행 주기에 해당하는 모든 활동을 할 수 있는 길이 열렸다. 단, 농축 공정은 군사용과 연관되기 때문에 제외되었다. 설계와 제조 기능을 함께 가진 한전원자력연료(주)는 1999년 웨스팅하우스와 공동으로 한국의 표준 원전의 핵연료로서 PLUS™7 핵연료 개발에 착수해 2002년에 완성했다. 그리고 이 핵연료를 전량 한국 표준 원전에 공급하고 있는데 연소도가 과거에 비해 높을 뿐만 아니라 건전하게 연소되어 신뢰성이 아주 높다. 이는 한국의 원전 이용률이 세계에서 가장 높은 이유 중 하나로 평가받고 있다. PLUS™7 개발보다는 조금 늦게 착

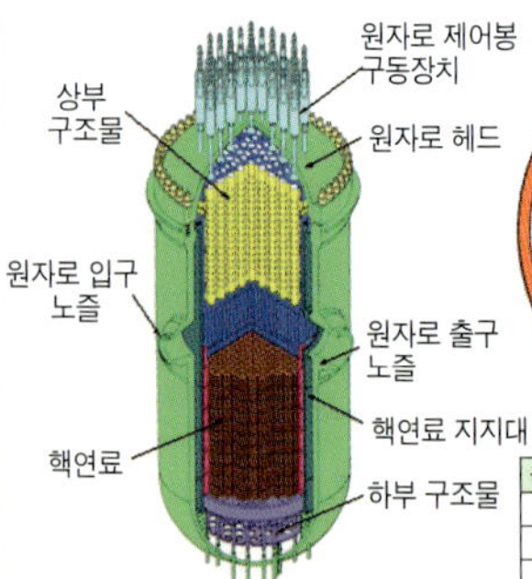

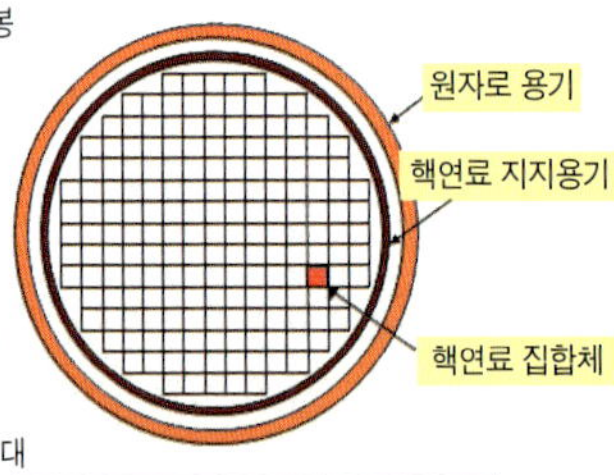

국내 원전핵연료 종류	원전 수	핵연료집합체 수량
WH14×14	1	121
WH16×16	1	121
WH17×17	6	157
OPR-1000	8	177
APR-1400	4	241

핵연료 집합체의 외관

[그림 4-2] **원자로 노심과 PLUS™7 핵연료**

수했지만 그동안 운전 중이던 종래의 웨스팅하우스 제품의 원전에 소요되는 핵연료로 ACE™7을 개발하기 시작했다. 이 또한 2004년에 개발을 완료하고 본격적으로 2008년부터 모든 웨스팅하우스가 공급한 원전에 장전하고 있다. 이러한 노력의 결실은 한국의 핵연료회사가 설계와 제조 기능을 동시에 가졌다는 것이며, 무엇보다도 기술 능력이 있기 때문에 가능했다.

4. 세계의 기술로 뻗어가는 한국 핵연료

새로운 기술 개발의 필요성

원전의 추가 도입에는 반드시 핵연료의 국산화에 따라 원활한 핵연료를 공급할 수 있어야 한다는 전제가 뒤따른다. 바로 기술 자립이다. 현재의 우리 발전소에 공급되는 핵연료의 성능은 어느 국가의 핵연료회사보다 우수함이 증명되고 있다. 그러기는 하지만 한국의 미래를 보면, 조속히 해결해야 할 두 가지 사항이 있다. 첫째는 100%의 원천 기술을 확보하는 것으로, 현재 사용하는 핵연료인 PLUS™7이나 ACE™7은 웨스팅하우스와 우리가 공동 개발한 연료이기 때문이다. 둘째는 세계 선진국과 같이 고연소도 핵연료의 설계이다. 현재 우라늄 톤당 4,5000MWd의 전력을 생산할 수 있는 연소도 기술을 확보하고 있지만 우리나라도 미국의 웨스팅하우스, 프랑스의 아레바(Areva) 등과 같이 종래보다 30% 높은 고연소도 핵연료를 개발하고 있다. 이 두 가지 사항은 기술 개발의 지속적인 노력으로 최종적인 인허가 단계에 있다. 이러한 현안은 곧 해결될 것으로 기대된다.

즉, 정부의 적극적인 지원 하에 한국의 원천 기술 개발과 고연소도 핵연료를 설계하는 과제가 진행되어 최종 단계에 이르고 있다. 이 계획은 모든 원천 설계를 마친 단계이며 곧 규제기관으로부터 승인을 받게 될 것이다. 바로 우리의 고유 기술인 하이퍼(HIPER: High Performance with Efficiency and Reliability) 핵연료이다.

하이퍼(HIPER) 핵연료의 미래–
세계 톱3 핵연료회사로 발돋움

이 핵연료를 활용한다는 것은 바로 우리의 원천 기술에 의한 설계라는 뜻이며, 핵연료 설계의 컴퓨터 코드 등도 우리가 개발한 것을 기초로 하고 있다는 뜻이다. 이 핵연료는 우선적으로 한국 표준 원전과 제3세대 원자로의 핵연료로 사용될 것이다. 연소도가 높아 한 번 핵연료를 장전하면 원전의 운전주기를 2년 이상으로 끌고 갈 수 있는 핵연료이다.

한국의 핵연료 산업을 한마디로 요약하면 원전 기술의 완전한 100% 기술 자립에 이어 핵연료의 설계 기술까지 원천 기술을 독자적으로 확보할 수 있게 된다는 뜻이다. 명실공히 원전의 선진국으로 전혀 손색이 없으며, 외부의 도움 없이 외국의 어느 국가에도 독자적인 원자력 수출이 가능하다고 할 수 있다. 원전 수출과 함께 핵연료 수출의 길이 열리게 되는 것이다.

하이퍼 핵연료는 국내 표준 원전과 제3세대 원전에 좀 더 안전하고 신뢰성을 갖는 연료로의 역할을 하게 될 뿐 아니라 해외 수출의 길도 적극적으로 열게 할 것이다. 이미 여러 국가의 전력회사에서 한국의 핵연료의 도입을 원하고 있지만 현재로서는 원천 기술이 웨스팅하우스와 연계되어 있어 웨스팅하우스와 경쟁을 하기는 어렵다. 그러나 하이퍼 핵연료

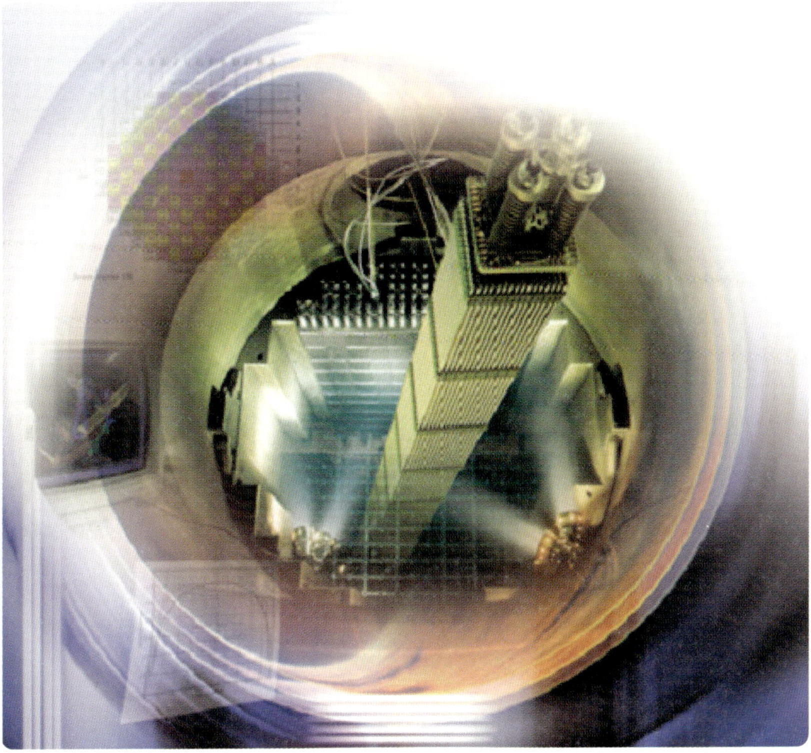

원자로 노심과 핵연료 집합체

는 세계 어떤 곳에도 수출에 문제가 없다.

핵연료 사업은 매우 기술 집약적이며 원전 수출보다도 연계성이 길다고 할 수 있다. UAE에 원전 수출과 함께 핵연료 수출은 물론 핵연료 생산 공장까지 건설할 수 있는 길이 열리고 있다. 수출의 길은 원자력 발전에 처음 장전되는 초기 노심 공급뿐 아니라 교체 노심의 핵연료 공급도 가능하므로 부가가치가 매우 커서 향후 수출시장에 중요한 역할을 할 수 있다. 아울러 한국은 미국, 프랑스와 함께 세계 핵연료 시장에서 세계 톱3의 핵연료 전문회사의 위치를 견지하게 될 것이다.

우리의 경험도 그러하지만 원전을 도입하려는 국가는 핵연료 자립에 관심이 많다. 이는 원전에 핵연료 공급의 지속 가능성을 확보하기 위한 것인데, 핵연료가 원자로 내에서 안전하고 경제적으로 전기를 생산할 수 있도록 하는 원자로 노심의 설계와 안전성 평가를 할 수 있는 능력을 갖기 위해서이다. 처음 원전을 도입하는 국가의 공동 관심사이며, 우리가 그러한 위치에서 기술 자립을 해 왔기 때문에 어느 누구보다 그 과정을 잘 알고 있다. 이를 잘 활용하고 대처하게 되면 원전 수출에 좋은 고지를 확보할 수도 있을 것이다.

핵연료 설계 생산 전문업체인 한전원자력연료는 최근 미국에서 개발하고 있는 소형 모듈 방식의 원전인 SMR(Small Modular Reactor)의 핵연료 설계 업무 수행에 1,200만 달러의 수출 계약을 체결한 바 있다. 이미 UAE에 핵연료 설계 생산을 수출하게 되어 있지만 그동안 핵연료의 부품 수출에 이어 이 회사 단독으로 핵연료 설계를 수출하기는 이번이 처음이다.

제 5 장 원자력 발전의 안전성

1. 원자력 안전문화

안전문화의 기초

석유 등 화석연료의 대체 에너지원으로서 원전 개발의 필요성은 대부분 이해하지만 그동안 발생한 TMI, 체르노빌 그리고 최근에는 후쿠시마 원전까지, 세 번의 원전사고는 원자력 발전에 대한 신뢰성에 심각한 영향을 주는 원인이 되었고, 한편으로는 원전 안전성의 중요성을 더욱 일깨워 주는 계기가 되고 있다. 그동안 70년이 넘는 원자력의 역사에서 발생한 세 건의 원전 중대사고는 그때마다 그 원인을 파악하고 경험 및 교훈을 근거로 새로운 원전 설계는 물론, 운전 중인 원전에도 접목해 안전에 만전을 기하도록 노력하고 있다. 원전 안전성은 발전소에 근무하는 종사자는 물론, 주민과 일반 국민의 건강과 직결되기 때문에 정확한 이해를 하도록 하는 것은 매우 중요하며 필요하다.

사실 우리의 일상생활에서 위험에 대한 안전 불감증의 기회가 너무나 많다. 길을 가다 돌에 차인다거나 자전거를 타다 넘어질 수도 있다. 자동차의 충돌, 전동차의 탈선, 배의 침몰, 비행기의 추락 등의 기사도 심심찮게 듣고 본다. 나아가 가스 폭발, 대형 화재, 심한 폭우에 따른 인명 피해 및 수해 등을 생각해 보면 우리는 위험에 포위되어 있다는 느낌이다. 얼마 전 베이징(北京)에서 발생한 폭우는 재산은 제쳐두고라도 많은 인명 손실을 내었는데 정부의 적극적인 구호가 없었다 하여 민초와의 괴리가 발생하기도 했다. 그렇다고 위험하니 사회활동 없이 집안에만 있을 수 없는 것이 현실이다. 우리는 필요한 도구를 적절히 이용할 수밖에 없기 때문에 이러한 도구의 위험성을 올바로 인식함으로써 위험을 방지하고 최소화하는 노력을 기울이는 것이 옳은 일일 것이다.

원전에 대한 위험성은 다른 기계적 및 전기적 위험성과 달리 방사성물질과 방사선의 위험성이 있다. 바로 원전 주위의 주민과 환경에 위해하지 않도록 조치를 취하고 필요한 관리를 해야 하는 것이다. 따라서 원자력발전소의 운전에 의해 발생하는 방사성물질과 방사선의 철저한 관리로 방사성 위험으로부터 주민을 보호하는 것이 안전의 최종 목표가 되어야 한다. 이런 안전 목표를 달성하기 위해 '다중방어 개념'을 설계에 반영한다. 다중방어의 목표는 이상 상태가 발생하지 않도록 해야 하고, 이상 상태가 발생한다 하더라도 그것이 사고로 확대되어 인근 주민들이 방사성물질 및 방사선에 피해를 입지 않도록 여러 단계의 대책을 강구해야 한다는 데 목적을 두고 있다.

원자력 기술 자립과 안전문화

국내 건설 원전을 턴키 도입으로 원자로 공급업체에 전적으로 의존하던 때는 안전문화 역시 외국에 의존했다. 물론 건설 현장에서는 여러 곳에 '안전 우선'이란 표어와 플래카드가 여기저기 붙어 있었다. 기술적인 측면의 배경이라기보다는 단순 건설 안전에 국한되는 문화에 그친 것이다. 그러나 안전이란 키워드는 기술적 해석 방법 측면에서 설계 기준 사고에서부터 중대사고의 위험정보 활용으로 가는 과정을 총칭한다.

원자력 안전은 시설의 설계에서부터 제작, 건설 및 운전에 이르기까지 시방서를 포함해 표준지침과 절차에 따라 이행해야 하는 과정이며, 사업자는 우선 이러한 요건을 따라 행해야 하고 규제기관은 이를 관리 감독해야 한다. 규제기관이 사업자와 관계없이 독립적으로 그 활동을 수행해야 하는 것은 기본이며 당연하다. 우리나라는 1990년 규제기관으로 당시 과학기술부 소속으로 한국원자력안전기술원(KINS, 현재는 원자력안전위원회 소속)이 한국원자력연구원에서 독립했다. 국제원자력기구(IAEA)의 요건이기도 하지만 1979년 TMI 원전사고에 따른 정책의 채택이라 할 수 있다.

TMI 원전사고 이후 후속 조치의 요건이 처음 적용되어 건설 허가에 반영된 원전은 영광 3, 4호기의 사고관리계획을 고려한 안전성 점검(IPE)을 수행한 것이며, 이를 계기로 중대사고의 확률적 안전관리평가(PSA) 기술이 정착되기 시작했다. 많은 논의를 거쳐 안전 목표가 포함된 중대사고 대책이 정리되어 자발적으로 산업계에서 이행하는 노력을 기울이고 있다. 특히 IAEA의 국제기술평가팀과 공동으로 정량적인 안전성 검토를 수행해 후속 호기에 적용함으로써 안전성 수준을 국제적으로 증진시키는 계기가 되었다. 이러한 과정을 거쳐 제3세대 원전인 APR1400의 설계 개선에 대해 정부는 2002년 5월, 설계 인증(Design Certification: DC)을 승인하게 되었다.

APR1400 노형으로 국내의 신고리 3, 4호기 건설과 해외 아랍에미리트(UAE) 원전 건설 등 또 다른 해외 수출의 기회가 오고 있지만 더 중요한 것은 원자력 안전을 더욱 철저히 지키는 일이다. 사실 우리나라는 1978

년 고리 1호기 건설 이후 단 한 건도 위험스러운 정도의 사고가 없었고 원전 이용률은 세계 최고이다. 하지만 30년 동안 안전성에 대한 신뢰가 단 한 번의 사고로 무용지물이 될 수 있다는 사실을 우리는 바로 이웃나라의 후쿠시마 원전사고에서 보았다. 원자력의 진정한 안전문화는 규정과 절차에 따라 행하는 데서 지켜질 수 있다. 규정과 기준에 있는 대로 이행하며 품질 보증 및 절차를 그대로 지키는 일이야말로 올바른 안전문화라 할 수 있다.

규정을 무시한 고리 1호기에서 있었던 일부 그릇된 계약 부조리나 발전소 정비 기간에 비상 디젤 발전기의 작동 절차를 따르지 않아 12분 동안 냉각수가 공급되지 않게 했고, 당연히 이 사항은 백색경보로 즉시 보고해야 하지만 보고 사항에 누락시킨 것 등이 바로 안전문화를 이행하지 않은 전형적인 예라 할 수 있다. 현실적으로 12분간 냉각수 공급이 되지 않은 그 자체로 물론 원자로 계통에 이상이 초래되지는 않겠지만 냉각이 중단되기에 이른 행위가 문제였으며, 절차와 규정을 이행하지 않은 것이 원자력 산업에 있을 수 없는 가장 심각한 잘못으로 지적되었다.

2. 원자력 발전 안전관리

안전관리의 중요성

1970~1980년대에 발생한 TMI 원전 사고와 체르노빌 원전사고가 오로지 인재에서 비롯되었다면 2011년 발생한 후쿠시마 원전사고는 인재라기보다는 자연재해에 가깝다. 물론 사전에 예견되었던 일로 이에 대한 대비를 소홀히 했으니 인재라고 말하기도 한다. 어떻든 세 번의 원전사고

원자력 안전관리는 법령, 절차, 행정, 기술 등 모든 분야에 걸쳐 빠짐없이 이루어져야 한다.

[그림 5-1] **원자력 안전관리의 중요성**

중 체르노빌 원전을 제외하고 인명사고는 없었다. 그러나 언제나 원전사고는 심각한 인명사고를 가져올 수 있다는 측면이 있으므로 원자력 안전성 확보는 원자력발전소 운영의 최우선 전제 조건이라 할 것이다.

원자력 안전이란 원자력의 생산과 이용에 따른 방사성물질 및 방사선 재해 등의 각종 위험으로부터 국민과 자연환경을 보호하는 것이다. 즉, 원전사고 또는 방사성물질이나 방사선 누출사고의 방지를 뜻하며, 사고가 발생하더라도 피해를 경감시켜야 하는 것이다. IAEA는 원자력 안전을 "방사선 위해로부터 작업자, 대중 및 환경을 보호하는 결과를 가져오는 적절한 운전 상태, 사고의 방지 및 사고 결과 완화의 성취"라고 설명하고 있다. 이를 요약하면 원자력을 이용함에 따른 각종 사고 발생 가능성을 낮추고 사고가 발생하더라도 피해를 최소화시켜야 한다는 것으로 해석할 수 있다.

물론 원전 운영을 직접 관리하는 발전 사업자가 전적인 책임을 가지고 안전관리를 해야 하지만 객관적인 확인을 위해 국가는 규제의 틀을 만들어 법으로 이를 관리해야 한다. 그동안 우리나라는 교육과학기술부에서 안전 규제의 책임을 져 왔으나 후쿠시마 원전사고가 발생한 이후 좀 더 적극적인 안전관리를 위해 원자력안전위원회를 새롭게 구축했다.

원자력 안전 규제는 원자력 및 방사선 시설의 설계, 제작, 건설, 운영, 해체 및 폐기 등에 대해 원자력 사업자가 이행하는 활동을 절차에 따라 승인하고 검사함으로써 이를 객관적으로 확인해 국민이 안전성을 믿을 수 있도록 하는 것이다. 원자력 안전성을 검토하고 확인하는 데는 고도의 전문성이 필요하다. 원자력 사업자도 그러하지만 규제 전문기관이 필요한데 바로 한국원자력안전기술원(KINS)에서 그 역할을 수행한다. 즉, 원자력안전기술원은 원자력안전위원회의 위탁을 받아 원자력 안전 규제 업무를 수행하는 것이다.

좀 더 객관적이고 효율적이며 전문적인 검토를 위해 여러 검토 단계가 있다. 예로서 원전을 건설할 경우 부지 선정에서부터 설계, 건설, 운전, 유지 보수 그리고 원전의 폐기(폐로, 廢爐)에 이르기까지 여러 단계로 나누어 안전성을 위한 심사와 검사가 이루어진다. 안전성 심사 및 검사 결과에 따라 관련 법규를 이행해야 함은 물론이고, 이를 위반했을 때는 법적인 적절한 조치를 취하게 된다.

원전 건설 운영에서의 안전 규제

원자력발전소를 건설하려는 원자력 사업자는 원자력안전위원회에 건설 허가를 신청해야 한다. 원자력안전위원회는 한국원자력안전기술원에서 수행한 안전 심사 결과와 사업자가 제출한 서류를 근거로 심의해 이를 종합하여 건설 허가를 발급한다. 이 심의에서의 주안점은 원전 건설이 부지 선정, 원전 설비의 기본 설계, 건설공사 수행 능력과 원전 건설이 끝나고 운영 시에 지역주민이나 환경에 방사선 누출 가능성이 매우 낮은지와 만일의 사고에도 지역주민에게 방사선으로 인한 장해를 주지 않는지를 확인해 보는 것이다.

건설 허가 절차로는 사업자가 예비 원자력안전성 분석보고서(PSAR)를 첨부해 건설 허가 신청을 원자력안전위원회에 하면 한국원자력안전기술원에서 안전성 심사를 하게 된다. 이때 심사 중 수많은 질의 응답을 공식적으로 하게 되고 그 결과를 확인한다. 안전심사의 결과로 안전성심사보고서를 작성해 원자력안전위원회에 보고한다. 원자력안전위원회는 이를 바탕으로 서류 확인과 함께 심의 의결하고 건설 허가를 발급한다.

또한 원전 건설 과정에서 안전규제기관은 원자력 설비의 제작, 설치에 대해 공정별로 안전 규제가 이행된다. 원전의 상세 설계가 완료되는 시점에 사업자는 그동안 많은 질문과 답변으로 해결된 내용을 보완해 완성된 최종안전성분석보고서(FSAR)를 첨부물로 하여 운영 허가를 원자력안전위원회에 신청해야 한다. 신청 시점은 운영 허가를 받으려는 목표로부터 2년 이전에 제출하도록 되어 있다.

운영 허가를 받게 되면 핵연료 장전 및 시운전 시험을 거쳐 발전소 운영을 시작하게 된다. 운영 중에도 안전 규제는 계속된다. 발전소 운영이 시작된 지 20개월 이내에 정기검사를 받아야 한다. 이는 사업자가 원전

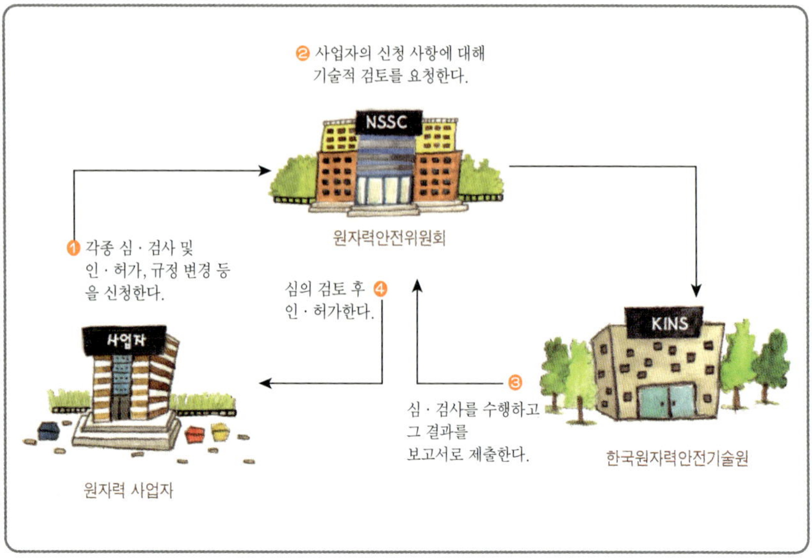

[그림 5-2] **원자력 안전 규제 절차**

의 운영 및 성능이 기준에 적합한지를 확인하고 입증하기 위한 조치이다. 발전소마다 다르기는 하지만 핵연료 주기에 맞추어 정기검사가 이루어지고 있다.

고리 1호기의 비상발전기 사건

원자력발전소는 핵연료 주기, 즉 연료를 교체하는 기간에 계획 정비를 실시한다. 1년 반 동안 한 번도 정지하지 않고 지속적으로 발전하게 되므로 필요한 기자재 및 계통의 정비를 이 기간에 철저하게 해야 한다. 사실 고리 1호기는 1978년 운전을 시작한 이래 단 한 건의 사고 발생 없이 안전하게 운전 중에 있었다. 잠시이지만 고리 1호기의 냉각 펌프 작동 불능으로 인한 사건은 세간의 이목을 집중시킨 뉴스가 되었다. 사건을 요약하면, 사건이 일어난 때는 2012년 2월 9일 오후 8시 34분이었는데, 당시 고리 1호기는 운전이 정지되어 원자로는 멈춘 상태이고 냉각수는 원자로를 냉각시키는 중이었다. 원자로의 운전이 정지되었지만 냉각수가 원자로 노심을 물로 냉각을 계속하는 것은 붕괴열을 냉각시켜야 하기 때문이다. 붕괴열은 원자로의 전체 발생 열의 약 7%가 되고 이 붕괴열은 원자로가 정지된다 하더라도 일정 기간 발생하므로 정지 후 초기에는 붕괴열에 대한 원자로 냉각이 무엇보다 중요하다.

이때 발전기 보호 계전기 시험 중에 외부 전원이 정전되었다. 정전이 되면서 원자로를 냉각시키는 냉각 펌프가 정지되었다. 그러면 즉각적으로 비상 디젤 발전기가 작동해 냉각 펌프를 가동하도록 되어 있다. 마침 정전에 대비해 설치되어 있던 2대의 비상 디젤 발전기 중 1대는 정비 중이었고 나머지 1대는 고장이 나서 작동이 되지 않았으며, 외부 전원이 재공급될 때까지 약 12분은 원자로를 냉각할 수 없었던 사건이다. 다행히 짧은 시간에 외부 전원이 재공급됨으로써 문제는 없었지만 이러한 형태의 사건은 결코 바람직하지 않다.

이 사건은 잠시나마 원자로 냉각 기능 상실 문제를 떠나 절차에 따르지 않은 그 자체가 문제가 된다. 이 사건의 상황은 백색비상 등급에 해당한다. 백색비상 등급에는 즉각적으로 보고를 해야 함에도 책임자가 이를 생략한 것이다. 원자력 절차서에 따라 이행하지 않고 개인 판단에 의한 것이다. 안전문화 불감증에서 온 결과로 철저한 안전성 관리에 빈틈이 없어야 한다는 중요한 교훈을 일깨워 주었다.

3. 안전성 확보를 위한 원전 설계

원전 설계의 기본 개념

원전 설계의 기본 개념은 우선 어떠한 경우에도 원자로에 중대한 이상이 발생하지 않도록 해야 하며, 만일 이상이 발생할 경우 이를 발전소의 사고로 파급되지 않도록 자동적으로 억제할 수 있는 설계가 필요하다. 그럼에도 이상 상태를 억제하지 못해 사고로 진전될 경우 그 영향을 최소화하도록 설계되어야 한다. 이를 위해 모든 재료와 부품의 용량을 여유 있게 설계하고 중요 설비에 대해서는 예비 설비와 이중 계통을 갖추어 한 기기가 고장이 나면 즉시 다른 기기가 그 기능을 맡도록 설계되어야 하며, 동력원도 다양화하여 외부 전원이 상실될 경우 자동적으로 비상 발전기가 작동되도록 해야 한다.

또한 중요한 계통을 한 곳에 모아놓지 않고 서로 독립적으로 분리시켜 어느 한쪽이 이상이 있어도 다른 한쪽은 건전한 상태를 유지할 수 있도록 설계하는 것이 설계의 기본이다.

원전 부지는 자연재해에 견딜 수 있도록 각종 정밀조사를 실시하며 구조물 및 설비가 지진에 견딜 수 있도록 내진설계를 수행한다. 원자로는 비정상적인 요인에 따라 핵분열 연쇄 반응이 급격히 증가할 때 스스로 핵분열을 억제해 사고를 저지하는 고유 안전성을 보유하도록 설계한다. 최근 제3세대 원전의 경우, 중력을 이용한 피동 안전성을 접목하도록 이를 설계에 반영하고 있다.

이러한 기술적인 조치에도 불구하고 일본의 후쿠시마 원전의 경우, 설계 기준을 너무 과소 평가하여 방파제 높이를 적절히 설계에 반영하지

원전 건설 부지 조사 현장

않아 자연재해를 극복하지 못했다. 이에 대한 대책으로 설계 기준의 강화, 특히 자연재해의 가능성을 충분히 고려해야 한다는 방향으로 현재 운전 중인 원전은 물론 신규 원전에 적용하도록 조치를 취하고 있다. IAEA의 현지조사 및 검토 결과에서도 지진 및 해일에 대한 외부 환경 재해 대책 5개 항목을 지적하고 있다.

안전 계통

원전이 정상적인 운전 조건을 벗어나게 될 때 원자로 가동을 정지시키고 사고 시에는 결과를 완화시켜 주는 시스템을 안전 계통이라 한다. 원전의 안전 관련 설비는 항시 그 기능이 작동되도록 여유 있는 설계를 하며 엄격한 품질 보증의 적용은 물론, 사용 중에도 그 건전성이 확인되도록 되어 있다. 원전 안전 계통이 정상적으로 작동하면 원자로의 노심 및 원자로의 손상을 방지할 수 있고 방사선 누출을 방지할 수 있다. 가압경수로 노형은 원자로 보호 계통, 다중 보호 계통, 공학적 안전 계통 등으로 이루어져 있고, 월성원전의 중수로 노형은 제1정지 계통, 제2정지 계통, 비상 노심 냉각 계통, 격납용기 계통으로 나뉘어 있다.

안전 계통은 이중 안전장치를 구비하고 있다. 즉, 계통의 일부에 고장이 발생하더라도 이 계통의 기능은 유지되도록 하는 것이다. 예로서 핵분열을 제어하는 제어봉의 구동장치 전원이 상실될 경우 제어봉 자체의 중력이나 수압에 의해 자동적으로 제어봉이 연료 집합체 속으로 들어가게 되어 있다. 운전원의 실수로 제어봉을 빼려고 해도 제어봉이 빠지지 않도록 인터록 시스템이 채택된 것도 또 다른 예이다.

원전은 운전 변수를 제어해 이상 상태를 방지하도록 되어 있다. 그럼에도 이상 상태가 발생하면 사고가 확대되지 않도록 장치되어 있다. 예를 들면 제어봉 전체를 삽입시키기 위한 비상 정지 계통이 있으며, 만일의 경우 제어봉이 움직이지 않는다면 원자로 내의 핵분열을 정지시킬 수 있도록 붕산수를 주입하는 시스템을 작동하는 등 안전 확보의 다양성을 갖고 있다.

이러한 사고를 예방하는 안전장치 및 계통에도 불구하고 만일의 사고에 대비, 방사성물질과 방사선이 외부로 방출하지 않도록 하기 위해 비상 노심 냉각 계통(ECCS)이 설치되어 원자로를 물로 냉각시키면서 원자로 건물 천정에 설치된 격납용기 스프레이 계통이 작동하도록 되어 있다.

한편 원전의 정상 운전 시에는 원전 주변의 주민이나 환경에 방사선량이 충분히 낮도록 관리해야 한다. 이 선량은 우리가 평소 받는 환경 방사선량(연간 2.4밀리 시버트)보다 미미한 수준으로 낮게 관리함으로써 주변 주민의 건강에 이상이 없도록 해야 하는 것이다.

원자로 운전원의 실수나 기기가 고장을 일으킨다 하더라도 원전 주변의 주민이나 환경에 방사선 장애를 미칠 정도의 사고는 일어나지 않도록 설계되어 있다. 최근에 발생한 일본의 후쿠시마 원전은 근원적으로 원전 자체의 문제라기보다는 자연재해에 대한 대책을 충분히 설계에 고려하지 않아 비상 전원의 상실에 따라 냉각재 상실 사고는 물론 중대사고로까지 확대된 경우이다.

원자력 품질 보증

사업자는 원전시설의 설계에서부터 제조 및 건설 공사, 그리고 원전 운영에까지 철저하게 품질 보증 및 품질관리 계획에 따라 품질을 유지하기 위한 활동이 이루어진다. 원자력 사업에 참여하는 모든 회사는 품질 보증 및 관리 절차를 유지, 관리 이행해야 한다. 품질 보증 요건 18개 항목이 주축이 되어 계획과 절차를 객관성이고 독립성이 확립되도록 수립되어야 한다.

또한 규제기관에서도 품질 보증 계획의 요건에 따라 실효성 있게 품질관리가 수행되고 있는지를 점검하는 검사를 수행하게 된다. 이는 관련 법규에 따라 이행되는 것이며, 이를 품질 보증 검사라고 하고, 규제기관의 품질 검사 계획에 따라 수행하므로 일종의 감사 기능을 가진다.

품질 보증 요건은 미국기계학회(ASME)의 NQA-1에 의해 정해진다. 우리나라는 '원자로의 건설 및 운영에 관한 규정'에 의거 품질 보증 기준(고시 90-3호)을 제정해 품질 보증 규제의 틀을 마련했고, ASME 요건을 보완해 '원자로 시설 등의 기술 기준에 관한 규칙(2000)'과 '원자로 시설의 품질 보증 세부 요건에 관한 기준(2001)'을 제정, 품질 보증 규제 요건을 정립했다.

또한 원자력 산업체는 사업 초기에는 외국의 기술 기준을 발전소 건

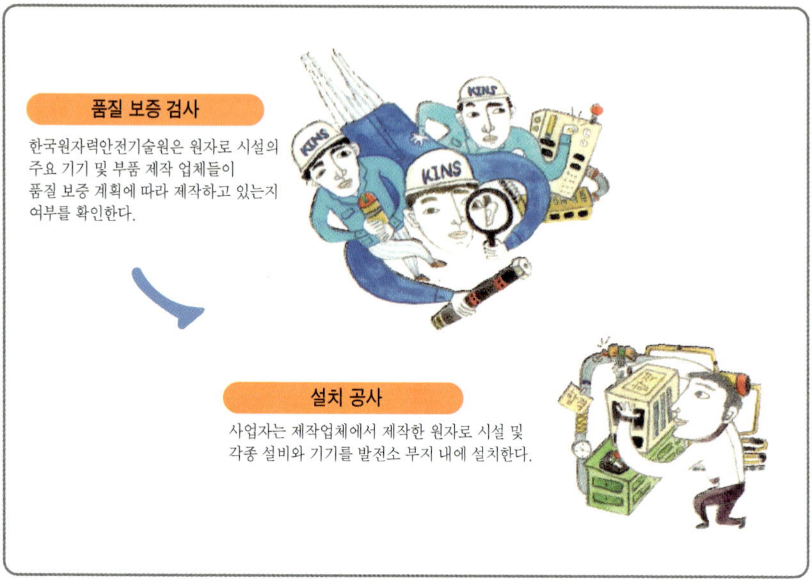

[그림 5-3] **원자력시설의 품질보증검사**

설, 운영에 사용해 왔으나 전력산업 기술 자립과 함께 전력회사는 물론 산학연의 참여와 노력으로 국내 기술 기준인 전력산업 기술 기준(Korea Electric Power Industry Case: KEPIC)을 개발해, 국내에 적용하고 있고 원전 해외 수출에도 이를 확대 적용하고 있다.

품질 보증 요건 18가지를 요약하면 조직 및 품질 보증 계획, 설계 변경 관리, 구매관리, 공정, 검사, 시험 및 운전 상태 관리, 서류 및 기록관리, 감사 및 진단 등이다. 품질 계획에는 적용되는 대상에 따라, 즉 구조물, 계통, 기기 및 품질의 안전 기능에 비례해 적용하는 등급을 부여하는데 이를 품질 등급이라 한다. 안전 등급은 크게 네 종류로 분류하는데, 한국의 경우는 Q등급(안전 등급), T등급(안전성 영향 등급), R등급(신뢰성 등급), S등급(일반산업 품목)으로 중요도에 따라 구분 관리하고 있다.

4. 원전 중대사고의 경험과 교훈

스리마일 아일랜드(TMI) 원전사고

미국의 동북부 펜실베이니아 주에 위치한 TMI 2호기 원전에서 1979년 3월 28일에 핵연료가 녹아내리는 용융사고가 발생했다. 원전의 용량은 90만kW였다. 사고는 터빈을 돌리는 2차 계통의 물을 공급해 주는 보조 급수기의 작동이 중단되면서 발생했다. 2차 계통의 물은 증기 발생기에 공급되어 증기를 만들어 터빈을 돌려주고 다시 냉각되어 증기 발생기로 순환되는 공급수이다. 순환수가 줄어들면 계기에 자동으로 감지되어 줄어든 만큼 보조 급수기에 의해 물을 보급하는 것인데 점검원이 잘못 판단하고 잠가버린 것이다.

물이 점점 줄어들면서 1차 계통의 높은 온도(운전 온도 약 320℃)의 물을 냉각시키지 못하니까 핵연료가 점점 가열되어 연료봉이 녹아버린 사고가 발생한 것이다. 핵연료가 파괴되어 나온 방사성물질은 5겹의 다중 방호의 마지막 보루인 원자로 격납건물 안에 갇히게 되었다. 사고가 나고 수습이 되는 동안 과연 방사성물질 및 방사선이 건물 외부로 누설되어 주민에게나 환경에 재해를 입힐 것인가와 높은 온도에서 발생한 수소가 혹시나 폭발하지 않을까 하는 두려움이 있었다.

이 사고는 전 세계를 깜짝 놀라게 하여 한창 개발 붐을 타고 있던 원자력에 찬물을 끼얹는 역할을 했다. 당시 미국은 매년 20여 기의 원전이 준공되던 때로 석유, 석탄의 대체 에너지로서 자리를 확실히 하고 있었고, 우리나라에서도 고리 1호기가 건설이 완료되던 때였다. 그러나 최고의 사고였음에도 불구하고 방사성물질이나 방사선이 외부로 새어 나가지

TMI 원전 모습(높은 건물은 냉각탑임)과 사고가 난 후 원자력 반대운동

않음에 따라 단 한 명의 인명 피해 없이 발전소를 폐기해야 하는 물리적인 손해에 그치게 되었다. 사고가 나고 주변 주민들은 대피 준비를 했고 온갖 소문이 무성하게 나돌았으며, 심지어 근무하던 직원이 이탈하는 상황도 전개되었다. 사고가 나고 실제로 여러 연구기관에서 정확한 사고원인과 현장 점검을 분석한 결과 주민이나 환경에 문제가 없었음이 확인되었다.

TMI 원전사고에 대한 조사보고서의 내용을 요약하면 다음과 같다.

원자로 속의 핵연료가 녹아 방사성물질이 많이 방출되었으나 외부로 누출되지 않고 격납용기라는 밀폐용기에 안전하게 갇혔다. 따라서 인명 피해는 없으며, 단지 10~18억 달러에 해당하는 물질적 손해가 발생했다. 다음은 인명 피해 사항에 대한 세부 보고이다. 첫째, 사고 당일 일부 보조기기에서 흘러나온 약간의 방사능 때문에 인근 80마일 이내에 살고 있는 주민이 받게 된 최대 방사선량은 0.85밀리시버트(85밀리

렘)로 미미한 양이었다. 발전소 부근의 공기나 지하수 등을 채취하여 분석해 본 결과 전혀 방사선에 오염되지 않았음이 확인되었다. 둘째, 사고 발생일부터 6월 30일까지 발전소 내에서 가장 많은 방사선을 받은 세 사람이 있었는데 이들이 받은 방사선량은 각 약 30~40밀리시버트로서, 발전소 방사선 작업자 1년 동안 받을 수 있는 법적 허용선량 50밀리시버트 이하임을 감안할 때 아무 문제가 없었다.

그뿐만 아니라 이 사고에 대해 원자력계는 지속적인 연구를 추진했다. 이 연구에 일본도 깊숙이 참여한 바 있다. 사고가 난 지 오래 뒤 1990년, 컬럼비아대학의 조사 결과를 요약하면 "TMI 원전 주변 10마일(16km) 이내에 거주하는 사람 10만 명을 대상으로 4년에 걸친 역학조사 결과, TMI 원전사고로 인한 방사선과 백혈병 및 다른 암과의 인과 관계를 발견할 수 없었다."라고 되어 있다.

즉, TMI 원전사고는 온 세상에 충격을 주었지만 원전 주변의 주민이나 환경에 아무런 영향을 주지 않았다. 이는 미국의 가압경수로(PWR)의 건전성을 보여 주고 있는 것으로 한국의 원전 대부분이 TMI 원전과 설계가 비슷하다. 즉, 어떠한 사고가 발생하더라도 방사성물질과 방사선이 누설되어 주민과 환경에 영향을 주지 않는다는 기본 설계를 확인하게 한 것이다.

한국이 자립한 원전 기술은 미국 기술인 가압경수형(PWR) 노형이다. 원자로에서 바로 물을 끓게 하지 않고 별도의 열교환기를 두어 이곳에서 증기를 발생시킨다. TMI 원전 기술과 동일하다고 하겠다. 즉, 원자로 내의 물을 가압기에 의해 150기압 하에 320℃의 액체 상태를 유지하면서 발전하는 방식이다. 그리고 별도의 열 교환기에서 물을 증기로 증발시켜 터빈과 축에 달린 발전기를 구동시키는 원자로 설계이다. 따라서 사고가 발생하지 않아야 하겠지만 만일 일본과 같은 사고가 난다 하더라도 별도의 증기 발생기로 인해 이곳에 저장된 다량의 물 때문에 원자로 물이 증기로 되기까지는 상당한 시간이 걸리는데 이로 인해 사고 수습의 시간을 벌 수 있다. TMI 사고에서 보았듯이 물리적으로 발전소는 폐기되어야 했지만 환경에 미치는 영향은 없었다.

체르노빌 원전사고

TMI 원전사고가 발생하고 7년이 지난, 1986년 4월 26일에 발생한 체르노빌 원전사고는 TMI 원전과 비슷하게 핵연료가 녹아내리는 원전 최고의 용융사고였다. 그러나 체르노빌 원전사고는 TMI 사고와는 달리 엄청난 피해를 가져왔다. 당시 체르노빌 원전 4호기는 1983년에 가동을 시작한 것으로 오래된 발전소가 아니었다. 원자로 안에는 190톤의 핵연료와 방사성물질인 핵분열성 물질이 포함된 상태에서 운전 중이었다.

사고는 발전소가 갑자기 정전이 될 때 고속으로 돌아가는 터빈의 관성에 의해 전기를 생산할 수 있는지를 실험하는 과정에서 일어났다. 실험 중에 운전원들은 안전상의 절차를 바로 이행하지 않고 위반했다. 원전의 고유 특성이기도 하지만 원자로가 일단 정지되면 재가동하기 위해서는 많은 시간이 걸린다. 그래서 그들은 원전을 정지시키지 않고 실험을 반복할 목적으로, 원자로에 이상이 있을 때 원자로를 자동적으로 정지시키는 비상 정지 계통을 끊어버리는 치명적인 실수를 저질렀다. 마치 자동차에 브레이크 시스템을 뗀 상태에서 질주한 것과 다를 바 없는 현상이다.

실험을 시작한 지 얼마 되지 않아 핵연료를 냉각시키는 냉각수가 공급되지 않으면서 원자로 출력과 냉각재 온도가 급격히 상승했는데 체르노빌 원자로의 감속재는 물이 아니고 흑연이었다. 냉각수가 공급되지 않자

체르노빌 원전사고 현장과 사고가 난 원전 4호기(현재 콘크리트 석관으로 유지)

원자로의 온도 상승과 함께 감속재인 흑연 온도가 상승하게 되었다. 흑연은 탄소로서 보통 고체이나 발화점이 600℃로 노심 핵연료가 녹으면서 흑연이 가연성 물질로 변해 화재를 부채질했다. 순식간에 폭발과 함께 원자로 내부의 뜨거운 온도와 수증기 압력으로 육중하지만 일반 건물로 엉성하게 건설된 원자로 건물의 천정을 날리고 다양한 핵종의 방사성 물질이 대량 외부로 방출된 것이다.

공식 보고에 따르면 체르노빌 원전사고로 원전 운전원과 화재 진압에 참가한 소방대원 31명이 사망하고, 중상 230명, 경상 237명의 인명 피해와 34억 달러의 경제적 손실을 보았으며, 많은 사람이 후유증에 시달리고 있다는 것이다. 당시 구소련 당국은 사고를 은폐할 목적이 강했던 것 같다. 구소련 정부는 사고 초기에 공식적으로 공표하지 않았고, 따라서 사고 원전 인근 주민들은 아무런 대비가 되지 않은 채 사고 원전에서 분출된 막대한 양의 방사선에 피폭되는 결과를 초래했다. 24시간 지나 1,200km 떨어진 스웨덴 포스막 원전에 출근한 한 과학자의 옷에서 방사선 낙진이 확인되었고, 이를 소련에 항의하면서 소련은 2일 후에 사고 발생을 공식 발표했다.

그리고 구소련 정부는 36시간이 지난 후에야 발전소에서 4km에 떨어져 있는 도시 주민들을 대피시켰다. 그리고 화재가 발생하던 10일 동안 발전소 주변 30km에 살고 있던 주민들을 또한 대피시켰다.

나중에 IAEA에서 조사한 결과 역시 운전원의 실수에 의해 발생한 사고로 보고되고 있다. 사고의 원인은 운전원의 실수였지만 핵연료가 녹아내리는 용융사고가 발생하더라도 사고를 완화할 수 있는 안전설비가 있어야 하며, 더욱이 방사성물질이나 방사선이 외부로 방출하지 않게 해야 한다. 체르노빌 원전은 구소련의 설계 기술에 의해 건설된 것으로 발전은 물론 핵무기용 플루토늄 생산 목적의 원자로였다. 특히 이 원자로는 다중방어 계통이 미약해 화재사고에 원자로 건물 천정이 한순간에 뚫리는 허술한 구조물이었다.

이렇게 완벽하지 못한 안전 설계에 대한 동구권의 원전에 대해 이미 오래전 근본적으로 폐쇄할 것을 IAEA 및 EU는 강력히 요청했다. 특히 동구권으로 EU에 편입하고자 하는 국가는 전제 조건이 이러한 설계의 원전을 폐쇄해야만 가능하다. 체르노빌 원전 4호기 옆에 운전 중인 원전도 폐쇄하기로 결정했다. 결국 철저한 안전 계통이 마련되지 않는 신규 원전 건설이 규제의 인허가 대상이 되었고, 운전 중인 원전도 합당한 기술적 단계로 보완하지 않으면 안 되게 되었다.

후쿠시마 원전사고

우리는 후쿠시마 원전사고가 일어나기 전 두 번의 중대사고를 경험하면서 원자로의 안전성을 지속적으로 보완 강화시켜 왔다. 강화의 근본적

초점은 원자로를 냉각시키는 데 맞추어져 있었다. 즉, 냉각재 상실로 인해 발생할 수 있는 노심 용융사고에 대한 다양한 시나리오가 물리적·화학적 가능성과 방사성물질의 방출에 따른 생물학적 효과 등의 연구였다. 이 결과는 신규 원전 건설의 설계에 반영되었으며 운전 중인 원전에도 가능한 한 반영 보완되었다. 미국 규제위원회는 노심 손상 빈도를 1만 년에 1번으로 지정하고 있던 실게 요건을 10만 년으로 변경했고, 최근에 건설되는 원전은 1백만 년으로 더욱 높은 확률론적인 요건을 적용하고 있다. 이러한 관점은 하드웨어적인 보완이 필요하다는 것과 뜻을 같이하는 것이다.

같은 용융사고이지만 TMI 원전사고의 경우는 노심 용융에서 원자로 압력용기의 건전성이 확인되었지만, 이번 후쿠시마 원전사고의 경우는 용융에 따른 원자로 압력용기가 손상되었고 방사성물질이 외부로 크게 유출되었다. 물론 원전 원자로형이 달라 다른 결과가 나왔을 가능성이 크다.

2011년 3월 11일 14시 46분에 센다이(仙臺) 해안 130km 거리에 대규모 지진(규모 9,0)이 발생해 이 진동으로 후쿠시마(福島) 원전 1, 2, 3호기 원자로 운전은 즉각적으로 안전하게 정지되었다. 지진으로 인한 지반 가속도 요건(500Gal, 1Gal=1 cm/sec^2) 이상이면 원자로가 자동으로 정지되도록 되어 있었다. 당시 후쿠시마 제4호기는 정비가 진행되고 있었기 때문에 이미 정지된 상태였다. 핵분열은 멈추었지만 핵분열성 물질의 붕괴열에 의한 열은 계속 발생되고 있어 온도가 상승하게 되었다. 초기의 붕괴열은 전(全) 열 출력에 차지하는 비율이 약 7%로 높지만 약 2시간 후면 급격히 감소해 0.5%로 되므로 정지 직후 초기 2시간 동안의 원자로 냉각이 가장 중요하다. 붕괴열인 잔열 제거를 위한 방안은 원전 설계에 다양하게 반영된다. 이때 원자로의 냉각은 100℃ 이하의 저온 상태를 유지하도록 해야 한다.

후쿠시마 원전은 원자로가 정지되면서 외부 전력이 차단되었다. 외부 전원이 차단되면 조속하게(적어도 10분 내) 비상 발전이 냉각수를 공급하기 위한 펌프가 작동되어야 한다. 후쿠시마 원전의 경우, 터빈 홀 지하에 있던 비상 발전기가 즉시 비상 가동했다. 그러나 대지진으로 인해 발생한 해일이 지진 발생 후 50여 분 만에 후쿠시마 연안을 강타했고 해수는 방파제를 넘어 발전소를 물바다로 만들면서 작동하던 비상 발전기가 상실되었다.

발전소뿐 아니라 모든 집과 건물, 더욱이 약 2만 명에 이르는 주민을 사망 또는 실종하게 했다. 발전소의 방파제보다 약 4~5미터 높은 해일이 방파제를 뚫고 발전소를 강타한 것이다. 외부, 내부의 전원이 모두 끊어지자 냉각수가 원자로에 공급될 길이 없었고 원자로 온도는 급격히 상승

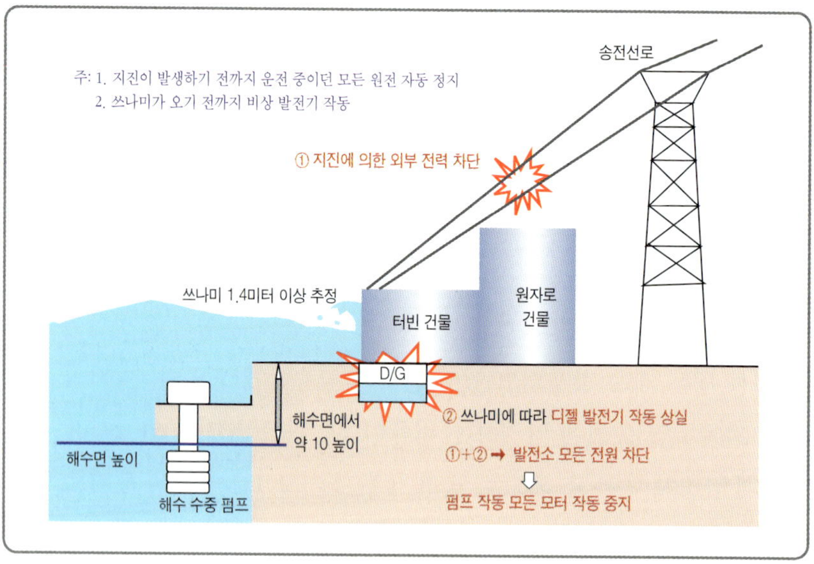

[그림 5-4] 후쿠시마 원전사고 시의 초기 조건

대지진에 의한 해일이 후쿠시마 및 원전 공격

하기 시작했다. 또한 주 전기 스위치와 배터리도 물에 잠겨 작동되지 않았다. 후쿠시마 1,2호기의 직류 배터리도 물에 잠겨 작동이 되지 않았다. 다만 3호기의 직류 배터리는 작동되었지만 잔열 제거를 할 수 있는 비상배터리보다 용량이 적어 제 역할을 하지 못했고 30시간이 지나면서 그 기능이 감소되고 말았다.

격리 복수기에 의한 잔열 제거 노력을 시도했으나 이 또한 실패했으며 결국 소방차와 소방 배관을 통해 원자로를 중심으로 해수를 주입했다. 이에 앞서 2011년 3월 12일 15시 36분에 1호기 원자로 물이 수증기로 바뀌면서 높은 온도에서 핵연료 피복재인 지르코늄과 반응해 수소 폭발이 발생했고, 원자로 핵연료 용융은 3월 11일 17시경으로 추정되고 있다. 1호기는 12시간 핵연료가 노출되면서 약 70%의 용융이 진행된 것으로 보인다.

한편 높은 온도에서 핵연료 피복재가 산화작용을 일으키면서 발생된 수소는 건물 위층으로 모이면서 폭발을 일으키게 된 것이며, 발전소 정비 기간이라 사용후 핵연료가 원자로 내에 없던 후쿠시마 4호기까지 건물이 폭발로 인해 파괴되었다. 이는 통풍구를 통해 3호기의 수소가 4호기로 역류해 발생한 것으로 알려지고 있다.

원전 설계에 따라 구조적인 차이이지만 일본 후쿠시마 원전은 핵연료 저장조가 원자로 건물 안 상층부에 위치해 있다. 후쿠시마 4호기는 정비 목적으로 원자로에서 핵연료를 모두 뽑아 발전소 내 수조에 이송한 상태였다. 물론 원자로 건물 바깥의 공용 저장 수조에 사용후 핵연료를 관리하고 있었지만 당시 공용 저장조의 저장 능력이 부족해 추가로 확보하기 위해 공사가 진행 중에 있었다.

후쿠시마 원전사고는 세계에 충격을 주기에 충분했다. 사고가 나고 외부의 냉각수가 다양한 방법으로 공급되면서 일단 원자로는 저온 상태를 유지하게 되었다. 물로 최적의 방법은 아니지만 당분간 그러한 노력은 계속되어야 하며, 장기간의 냉각을 지속하면서 용융된 핵연료 제거와 함께 사고 원전을 안전하게 해체하는 방안이 추진될 것이다. 전문가들의 의견이 한 곳에 모인 것은 아니지만 도쿄(東京)전력을 인용해 세계원자력협회(WNA) 발표에 따르면, 2015년까지 원자로 압력용기에서 누설 원인을 찾아내고 용융된 핵연료를 들어낸다는 것이다. 이 핵연료를 처리하는 등 최종적으로 오염을 완전히 제거하기까지 걸리는 시간이 향후 30년 정도는 소요될 것으로 전력회사는 추정하고 있다.

IAEA 전문가의 후쿠시마 원전 현지 방문

IAEA는 전문가 팀을 구성하여 일본 정부의 양해를 얻어 2011년 5월 24일부터 6월 2일까지 10일간 현지에 파견했다. 규모 9.0 대지진으로 인해 발생한 38.9m의 거대한 쓰나미에 의한 원전의 사고를 사실에 입각해 원인을 찾아보고 결론과 교훈을 정리하기 위한 목적이었다.

사고가 나고 약 4개월 뒤, IAEA 전문가 팀은 일본 정부의 양해 하에 사고 현장을 방문하고 보고서를 남겼는데, 이를 소개하면 다음과 같다.

IAEA 전문가팀의 현지 조사보고서 요약

후쿠시마 원전의 외부 전원이 상실되면서 후쿠시마 원전의 자동 시스템이 지진을 감지하고 모든 원자로 제어봉을 성공적으로 작동시켜 운전을 정지시키고 비상 발전기가 설계대로 운전되었음이 확인되었다. 약 14m 높이의 쓰나미는 원전의 설계 방파제 높이 5.7m를 넘었고 원자력 시설을 침수시켰다. 후쿠시마 6호기의 비상 발전기 한 대를 제외하고 모든 전원이 상실되었으며, 외부의 지원 없이는 내부의 모든 전원이 상실될 수밖에 없음을 확인했다. 쓰나미는 열 제거 냉각 시스템을 포함해 많은 기반 시설을 광범위하게 파괴시켰다. 운전원들은 전원 상실, 원자로 제어 및 계측 불능과 함께 발전소의 내·외 통신 시스템이 심각하게 손상되어 제대로 손쓰기가 힘들었다. 계측 제어가 불가능한 환경에서 6기의 원자로와 6곳의 사용후 핵연료 수조 및 공통 연료 수조의 안전성을 확보하기 위해 운전원들은 어둠 속에서 사력을 다해야 했음을 충분히 이해한다. 운전원이 할 수 있는 것은 극히 제한적이었고 이런 가운데 원자로 붕괴열에 의해 원자로 내 물의 온도는 급상승하게 되고, 이로 인해 연료가 물 바깥으로 노출되면서 수소 생성 및 폭발이 발생했던 것이다. 폭발에 의해 건물 외벽이 파괴되었으며 다양한 방사성 오염물질이 방출되었다. 이 사고를 INES 등급 체계에서 가장 높은 7등급으로 기록했다. 방사성 노출에 따른 어떠한 인체 영향은 보고되지 않았다.

이상은 IAEA보고서의 요약이다. IAEA 전문가 팀은 결론과 교훈을 정리해 발표했다. 이를 요약하면 다음과 같다.

결론 요약

(1) IAEA의 기본 안전 원칙은 후쿠시마 사고 상황과 관련하여 확고한 기준을 제공하고 사고로부터 얻는 모든 분야의 교훈을 다루게 된다.

(2) 이번 사고의 극심한 환경을 고려할 때 발전소 사고관리는 "쓰나미의 위험에 대해 불충분한 심층 방어 설비이지만" 최선의 방법으로 수행되었다.

(3) 도카이 다이니(Tokai Daini) 원전과 후쿠시마 다이니 원전에 대해서는 단기적으로 원전 안전성이 평가되어야 하고 지진과 쓰나미에 의한 부지의 현재 상태에 대해 PSA 등 방법을 통해 안전성이 확보되어야 한다.

(4) 규제 요건 및 지침은 지진, 쓰나미, 홍수 및 관련 모든 외부 사건에 종합적으로 대처하는 IAEA 안전 기준의 권고 기준과 방법을 사용, 요건을 만족할 수 있도록 해야 한다.

(5) 후쿠시마 사고의 처리에서 비상 대비 및 대응 시스템은 잘 갖춰져 있다. 그럼에도 불구하고 복잡한 구조와 조직은 긴급 의사결정의 지연을 초래할 수 있다.

(6) 헌신적인 정부 및 발전소 직원들과 잘 조직된 시스템은 예기치 않은 상황에서도 효과적인 대응을 수행했고, 일반 대중 및 시설 종사자의 건강을 위협하는 사고에 큰 영향이 없도록 되어 있다.

(7) 대중의 방사선 피폭 및 건강 감시에 대한 적절한 프로그램이 도움이 된다.

(8) 사고로 인한 심각한 혼란에도 불구하고 방사선 노출에 대한 효과적인 통제가 되었음을 보여준다.

(9) 향후 IAEA 안전 요건과 지침은 다수의 발전소 부지에서 설계상 특별한 요건과 중대사고 관리가 적절히 적용되었는지를 보장하기 위해 검토될 것이다.

(10) IAEA와 함께 사용할 수 있는 안전분석 서비스는 외부 사건 위험성평가, 정지 후 발전소 상태 감시, 사전 지진 대응 등 분야에서 일본 지원에 유용하게 사용될 수 있다.

교훈 요약

(1) 홍수, 쓰나미 등 외부 자연재해를 고려해 원전의 안전성에 영향이 없도록 대책을 강구해야 한다.

(2) 발전소 내·외의 전원 상실로 인한 심각한 상황에 대비, 필수장비를 포함해 종합 대책이 수립되어야 한다.

(3) 지진과 관련, 냉각재 수위, 격납용기 상태, 압력 등과 같은 강화된 계측설비와 설계를 바탕으로 사용 가능한 필수 안전성 변수까지 확보해야만 한다.

(4) 중대사고 관리지침과 절차서는 계측, 조명, 전원의 잠재적인 사용 불능과 고준위 방사선을 포함하는 발전소의 비정상 상태를

고려해야만 한다.

(5) 외부 사고는 동시에 여러 호기의 발전소에 영향을 미칠 수 있어 훈련된 경험 인력, 설비, 공급이 가능하도록, 특히 인적 자원의 확보가 필요하다.

(6) 수소 폭발의 위험과 영향이 재점검되어야 한다.

(7) 공통 고장에 대한 심층 방어 건전성이 검토되어야 한다.

(8) 중대사고 시의 감시설비 강화와 통신 수단이 깊이 검토되어야 한다.

(9) 장기적인 피난처의 사용은 ICRP와 IAEA의 지침을 사용하는 것이 효과적인 대책이다.

(10) 중대사고 시의 근무자는 안전 방호에 잘 익숙한 훈련받은 사람이어야 하고, 독립성과 투명성은 IAEA 안전 기준에 맞게 유지되어야 한다.

그동안 발생한 세 건의 원전 중대사고 비교

1979년에 일어난 미국의 TMI 원전사고, 1986년에 발생한 구소련의 체르노빌 원전사고, 그리고 2011년에 발생한 일본의 후쿠시마 원전사고는 모두 원자로에 장입되어 있던 핵연료가 녹은 용융 상태라는 점에서 중대사고이지만 결과는 엄청나게 차이가 난다. 가장 먼저 설명할 것은 세 원자로가 모두 설계상의 차이가 있다는 점이다. 물론 원자로 노형이 다른 것도 같은 맥락이다. 물론 원전 시설을 모두 폐기해야 하기 때문에 물리적인 피해는 규모가 다르겠지만 큰 손실을 입게 되었다.

원전 설계자가 제일 먼저 고려하는 것은 사고가 나지 않도록 설계하는 것이다. 그러나 인간의 실수 등으로 사고가 날 수 있다는 것을 고려한다.

이때를 가정해 사고를 완화시켜 주는 완화 설비를 설계하며, 한편으로 다중 방어 체계를 갖추도록 한다. 그래서 원전의 안전성을 확보하기 위해서는 안전 계통의 다중성, 다양성 그리고 독립성이 요구된다. 이런 측면에서 보면 사고가 난 세 원전의 설계가 크게 차이가 난다.

먼저 구소련의 체르노빌 원전은 다중방호 체계의 격납용기를 갖추지 않았다. 일반 공장 건물과 비슷한 형태의 원전을 건설한 것이다. 아마도 값싸게 건설하기 위한 목적일 수 있다. 원자로 노형은 흑연 감속로로서 중성자의 감속을 위해 흑연을 사용했는데 흑연은 온도가 높아지면 가연성 물질로 변한다. 2차 계통의 냉각수가 끊어지자 1차 계통의 온도 상승이 급속하게 상승해 흑연이 가연성 물질로 변해 화재를 부추겼다. 핵연료가 용융하기도 했지만 화재와 함께 폭발했고 격납 건물이 없는 체르노빌 원전은 일순간에 원자로 건물이 폭발, 파괴되었다. 원자로 건물은 반드시 육중하고 견고한 철근 콘크리트 구조인 격납고 건축으로 지어져야 하는 것이다.

그리고 사고가 난 TMI 원전, 체르노빌 원전, 후쿠시마 원전 등 세 원전은 모두 인간의 실수로 일어난 사건이라는 점이 공통이다. 물론 일본의 후쿠시마 원전은 대지진에 의한 자연재해라 말할 수 있겠으나 따지고 보면 충분한 지진과 해일을 설계에 고려하지 않아 일어난 것으로도 이해할 수 있다. 지진 기록에서 일본은 우리나라와 근본적으로 차이가 난다. 바로 이웃하지만 지역이 다르다. 일본은 지진과 해일이 빈번하게 발생하는 지역인 환태평양대이며, 이에 비해 한국은 대륙과 연결되어 있는 대륙판이다. 일본은 지진의 역사와 자료가 크게 다르기 때문에 자연재해에 대해 적극적인 대책으로 방파제를 축조했어야 했다. 사고가 난 세 원전의 특성을 비교하면 〈표 5-1〉과 같다.

표 5-1 TMI 사고, 후쿠시마 원전사고 및 체르노빌 사고의 비교

	TMI-2	후쿠시마 1호기	체르노빌 4호기
원자로(노형)	PWR (960 MWe)	BWR (460 MWe)	RBMK(1000 MWe)
연료	저농축 우라늄	저농축 우라늄	저농축 우라늄
감속재	물	물	흑연
냉각재	물	물	물
사고 원인	2차 계통 주급수 펌프 고장과 운전원 상황 대처 미숙	자연재해에 의한 전원 상실로 냉각 기능 상실	터빈의 관성실험 중 비상 정지 계통을 차단하는 운전원 실수
노심 노출 시간	1시간 정도	12시간 이상	~
노심 상태	노심의 약 30% 용융	노심의 약 70% 용융 (추정)	용융
압력용기	미세 균열 발견	한정적 손상/누설	손상/누설
격납용기	있음	있음. 부실	없음
방사능 유출	극미량 유출	대량 유출	대량 유출

세 발전소 모두 핵연료의 용융사고가 발생했는데 체르노빌 원전과 후쿠시마 원전 두 원자로만이 많은 양의 방사성물질과 방사선을 외부에 방출했다. 원자로 격납용기의 중요성이 돋보이는 이유이다. 한국의 가압경수로 및 가압중수형 원자로는 가장 튼튼하고 신뢰성 있는 격납용기를 가지고 있다. TMI 원전이 중대사고가 발생했지만 신뢰성 있는 격납용기에 의해 방사성물질이 환경에 방출되는 것을 막아 주었음이 이의 중요성을 입증해 준다. 격납용기는 다중방호 계통의 마지막 보루이다.

후쿠시마 원전은 앞서 언급했지만 전원이 모두 상실되었을 때 원자로에서 직접 물을 끓여 증기를 만드는 방식이라 가압경수로에 비해 원자로의 물이 짧은 시간에 증기로 변하고 만다. 가압경수로는 원자로에서 높은 온도의 물에 높은 압력을 가해 끓지 않게 하고 열교환기인 증기 발생기에서 증기를 만든다. 만일 일본에서와 같이 모든 전원이 상실되었을 때 우리나라의 가압경수로는 거꾸로 증기 발생기에 있던 물이 원자로의 열을 식혀주는 역할을 하게 되어 오랫동안 증기 발생을 일으키지 않게 함으로써 충분한 여유를 갖게 해 준다는 것이다.

후쿠시마 원전사고에 따른 영향

1950년대 및 1960년대의 제1세대 원전에서 현재의 제3세대 및 개발 중인 제3세대+기술에 이르기까지 약 60여 년간, 원자력의 평화적 이용 역사는 세계 에너지 수급과 기후 변화에 따른 이산화탄소 감축 노력에 큰 역할을 해 왔다. 그러는 동안 TMI 원전, 체르노빌 원전, 후쿠시마 원전의 사고 등 세 번에 걸친 중대사고의 발생은 그때마다 매우 중요한 의미를 부여하면서 각국에 충격을 주어 왔지만 한편으로는 원자력 기술의 지속적인 발전도 이루어져 왔다. 특히 원자력 안전성의 중요성이 부각되어 이에 대한 대책이 신규 발전소는 물론이고 운전 중인 발전소에도 접목되어 왔다.

1979년의 TMI 원전사고와 1986년의 체르노빌 원전사고는 미국, 유럽 등 선진국의 신규 원전 발주를 중지시켜 25년 이상의 원자력 침체기를 가져왔다. 이러한 사고를 통해 중대사고 개념에 대한 해석과 기존 원전은 물론이고 신규 원전에 안전성에 대해 대책이 보강된 것은 다행한 일이 아닐 수 없다. 그럼에도 불구하고 2011년 3월 일본 후쿠시마 원전 중대사고는 또 한 번 원전의 안전성에 대해 의문을 주었다. 보기에 따라 달라질 수 있지만 자연재해에 따른 원인이기는 하지만 원전 건설에는 당연히 자연재해 대책을 강구해야 하는 측면에서 인재로 결론을 내리기도 한다. 어떻든 후쿠시마 원전사고의 결과는 세계의 원전시장을 위축시킬 가능성을 내재하고 있다는 것에 유의할 필요가 있다.

후쿠시마 원전사고 이후 제일 먼저 독일은 1980년도 이전에 건설된 8기의 원전에 대해 즉각 운전을 중단했다. 후쿠시마 원전사고가 나기 전, 원전에 대한 기대를 가지고 상당히 좋은 분위기에서 신규 원전 건설이 추진되던 이태리도 향후 계획이 없던 것으로 결론지었다. 이러한 분위기는 계획 중인 원전 건설을 중단하는 사태가 발생할 가능성도 배제할 수 없다. 국제원자력기구(IAEA)는 2030년까지 2008년 당시 운전 중인 원전 용량보다 약 2배의 원전 건설이 예측됨을 보고한 바 있었다. 이와 관련하여 IAEA는 후쿠시마 원전사고가 발생한 후 원자력을 추진하겠다는 국가를 대상으로 재조사를 실시한 바 있는데, 약 7%의 계획이 축소될 것이라 예측했다. 좀 더 시간을 두고 지켜보아야 할 일이다.

■ 중국과 인도

한편 세계에서 원전 건설계획을 가장 적극적으로 추진하고 있던 중국과 인도의 경우는 후쿠시마 원전사고의 영향을 별반 받지 않고 추진할 것으로 보고 있다. 중국의 경우, 현재 15기의 원전이 운전 중이며 전체 전력의 2%대로 미미하지만 2020년까지 당초 계획 40GW를 60GW로 수정해 원자력을 전체 에너지 소비의 5%까지 확대하기 위해 이를 더욱 상향해야 한다는 의견이 제시되고 있다. 그러려면 80GW까지 대폭 확대해야 한다는 계획도 안으로 내어놓고 있다. 후쿠시마 원전에서 최악의 사고가 발생하자, 중국은 신규 원전 프로젝트 승인을 일시 중단했었다. 또 기존에 사업 추진 승인을 받았으나 착공하지 않은 프로젝트는 건설을 일단 보류했고 건설 중인 원전은 안전성을 강화한 이후 계속 건설을 진행하겠다는 방침을 밝혔지만 현재 안전성을 확실히 한다는 선에서 사업이 재개되고 있다. 다행히 중국에는 후쿠시마 원전과 같은 비등경수로는 없다.

[그림 5-5] **중국의 원전 건설 현황 및 계획**

인도는 현재 17기의 원전을 가동 중이며 전력의 2%를 원자력으로 공급하고 있다. 인도의 장기계획에 의하면 2025년까지 40GW의 원전을 건설하기로 하고, 이슈가 된 핵 비확산조약(NPT)을 미국 · 러시아 · 프랑스 등과 원자력 기술 협력을 체결함으로써 해결하고 있다. 에너지 수요를 해결하기 위해 소(小)용량의 국내 원전으로는 해결하기 어려워 대용량 원전을 외부에서 도입하기로 하고 이미 러시아와 10기 이상의 원전 도입을 계약한 상태에서 우선 4기가 건설 중에 있고, 프랑스 · 미국 등의 원전 기술이 다른 부지에 계획되고 있다. 또 다른 부지에 한국의 원전 진출에 대한 협상이 진행 중에 있다. 2011년 인도 대통령의 한국 방문 시에 양국

간의 원자력 협정을 체결하고 한국의 인도 진출의 길을 연 바 있다.

■ 일본

사고 여파가 가장 심각한 나라는 후쿠시마 원전사고가 발생한 당사국인 일본이다. 일본은 사고 이후 모든 원전에 대해 자체 진단은 물론 외부의 안전진단 2단계 스트레스 테스트(stress test)를 받고 있다. 유럽이사회는 EU에 소속된 모든 원전은 포괄적이고 투명한 위험성 평가에 기초한 안전성 검사를 수행하도록 하고 이를 스트레스 테스트라 명명했다. 일본도 모든 원전에 대해 자체 검사는 물론이고 유럽연합의 수준을 만족해야 한다는 것인데 이미 많은 발전소가 이에 합격하고 규제기관의 재가동 승인을 받았다. 그러나 실질적인 재가동과는 거리가 있다. 이는 일부 지방정부의 원전 가동 반대 입장과 관련된 것으로 전해지고 있으며, 원자력

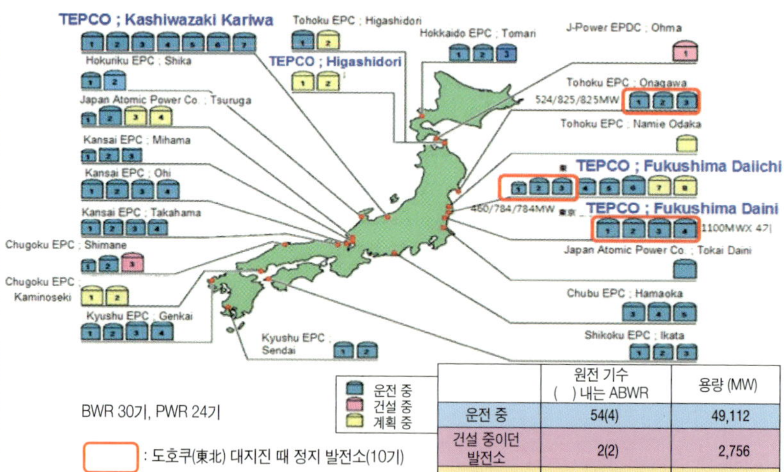

	원전 기수 ( ) 내는 ABWR	용량 (MW)
운전 중	54(4)	49,112
건설 중이던 발전소	2(2)	2,756
계획 원전	12(8)	16,552
합계	68(14)	68,420

[그림 5-6] 후쿠시마 원전사고 당시 일본 원전 현황

에 대한 국민의 이해 증진과 직결되고 있다고 보아야 할 것이다. 원전에서 공급하던 전력이 모두 정지된 지 53일 만에 결국 전력 부족에 견디지 못한 일본 정부가 일부 주민의 반대에도 불구하고 간사이(關西)전력회사의 오히 3호기 재가동을 시작한 것이 그 예이다.

향후 일본은 단기적으로는 상당히 어려운 과정을 겪겠지만 결국은 원자력을 포기하지 못할 것이라는 게 일반적인 관측이다. 즉, 일본은 자원이 거의 없어 원전에 의한 전력 충당을 대체할 만한 대안이 당장 없다는 게 중론이다. 물론 단기적으로 빠른 기간에 건설이 용이한 가스 발전소 건설 등의 조치를 취하는 한편, 동시에 이산화탄소 방출을 줄일 수 있는 신재생 에너지를 선택한다는 정책을 택하겠다고 정책 방향을 제시하는 측도 있지만 현실적인 대안으로는 어려움이 있다. 왜냐하면 신재생 에너지의 경제성은 원자력의 몇 배에 이르기 때문에 일본 경제에 큰 타격으로 다가올 수 있으며, 가스 발전소의 증대는 온실가스 감축 목표를 포기한다는 것과 맥을 같이하기 때문이다.

일본의 원전은 후쿠시마 원전사고 이후 가동을 일단 멈추고 안전성 점검을 실시해 왔다. 특히 2012년 5월 초 54기 원전 모두의 운전이 정지된 바 있으며, 약 2개월간 이러한 상황이 지속되었다. 이는 그동안 일본에서 찾아볼 수 없던 일이다. 전력의 약 30%를 원전에서 공급하고 있던 일본에서 원전 가동이 중지되자 전력 사정은 극도로 나빠질 수밖에 없었다. 절감 노력을 포함해 제한 송전까지 이행해 보지만 이는 근본적인 해결책이 될 수 없었다. 급기야 중앙정부는 안전 점검(스트레스 테스트)이 완료된 원전에 대해 재가동의 필요성을 표명하고 있다. 그러나 대부분의 지자체가 이를 허용하고 있지 않기 때문에 원전의 재가동은 전적으로 지자체의 결정에 달려 있는 실정이다. 반대 여론을 의식해 눈치를 보고 있는 형편이 되었지만 하나둘씩 재가동에 돌입하고 있다. 일본이 당장 원전을 중단할 수 있으리라는 시각은 별로 없어 보인다. 슬며시 재가동에 들어갈 수밖에 없는 실정이라는 것이다. 가장 큰 이유는 제3의 새로운 발전 시설 설치는 엄청난 재정 투자를 뜻하며 더욱이 환경에 미치는 영향을 최소화하기 위해서는 신재생 에너지를 개발해야 하는데 인프라 구축 등 그것이 하루아침에 당장 할 수 있는 일이 아니기 때문이다.

일본 정부는 여론조사를 통한 분석을 최대한 반영한다는 취지로 향후 원자력 정책을 정하기로 했다. 만일 일본이 2030년까지 현재의 운전 중인 원전을 포함, 전력 공급 제로(0)로 간다는 전제라면 당초 2030년까지 45%까지 원자력을 증가시키겠다는 계획에서 엄청난 전력 구조 변화가 일어나는 것이다. 원전 전력의 제로 공급을 가정하면 화석 발전은 35% 목표에서 65%로 증가해 이산화탄소 감축계획은 완전히 붕괴되는 결과가 되는 것이다. 결국 정부는 이 정책을 유보하기로 결정한 상태이다. 최근 일본 경제산업상은 아오모리(靑森) 현 오마(大間) 원전 등 건설이 중단된 원자로 3기의 건설 재개를 허용하고 있다.

결국 원자력에 대한 최악의 분위기는 바뀔 수밖에 없을 것이다. 어떻든 일본은 원자력에 의한 전기 생산이 매우 중요한 위치를 차지하고 있었다는 증거이다.[2] 또한 사고를 일으킨 도쿄전력은 국유화 승인이 났고, 도쿄전력은 베트남에 수출하려던 원전 사업을 철회하겠다고 공식 선언했다.[3]

■ 미국

미국은 후쿠시마 원전사고가 나고 거의 1년이 지난 시점인 2012년 2월, 성인 2,050명을 대상으로 해리스 여론기관(Harris Interactive)이 온라인 설

2) *WNA News*, 2011. 12.

3) *Business Times*, 2012. 7. 2.

문조사를 했다. 여론조사는 최근 천연가스의 발견으로 이를 지지하는 분위기에서 추진되었다. 설문조사에서 40%는 원자력의 장점이 위험보다 중요하다고 했고, 41%는 위험이 장점보다 중요하다고 답했다. 후쿠시마 원전사고가 발생하기 전에는 37%가 위험이 장점보다 중요하다고 생각한 것으로 나타났다. 약 4%의 변화가 발생한 것이다. 그러나 미국에서는 64%가 원자력에서 전기를 생산해야 한다는 데 찬성하고 있는 것으로 나타났다. 물론 여론조사는 원전이 있는 지역과 없는 지역의 차이가 다소 있기 마련이다. 그리고 6개월이 지난 여론조사[4]에는 점진적으로 상승하는 것으로 나타났다. 그러나 후쿠시마 원전사고가 나기 전에 실시한 75%에는 아직 못 미치고 있다.

이러한 여론조사의 결과와 직접 관계가 없지만, 미국 정부는 원자력에 대한 지원을 함으로써 진행 중인 신규 원전 건설은 큰 영향을 받지 않고 지속되고 있다. 후쿠시마 사고 전에 진행되던 설계 용량 확장 승인도 지속되고 있다. 규제기관(NRC)의 안전성 심사를 거쳐 승인을 받아 출력 증강 사업이 추진되는데, 1977년 이후에 건설된 제2세대 원전에 대해 135차례의 용량 증대 승인 절차에 따라 7,860MW를 확장했다. 이 용량은 신규 원전 6~7기를 건설하는 것과 같다. 향후 원전의 설계 용량 확대사업은 계속될 것인데 대상은 1,160MW가 될 것이다.

용량 증대와 함께 원전의 설계 수명의 연장도 지속하고 있는 실정이다. 미국은 건설 허가 시에 40년의 설계 수명을 인정했지만 이미 60기의 원전에 대해 추가 20년을 승인했고 전력회사가 승인 신청을 하여 규제기관이 심사 중인 원전이 21기이다. 후쿠시마 원전사고 이후에도 용량 증대와 수명 연장에 대한 승인 절차가 진행되고 있다. 물론 후쿠시마 원전

4) *WNA News*, 2012. 9. 24.

사고의 교훈을 받아들여 중대사고에 대한 조치 사항의 추진도 사업자인 전력회사가 보완해야 될 일이다.

■ 영국

영국은 현재까지 소형의 가스냉각로(MAGNOX)를 50~60년간 운전해 왔으나 폐기 절차를 밟고 있다. 이와 관련해 신규 원전 건설을 적극적으로 추진하고 있는데, 영국이 개발했던 가스냉각로를 포기하고 피동형 안전성으로 개선된 제3세대 원전인 가압경수로를 계획하고 있다. 6~8기의 신규 원전을 대상으로 프랑스 EPR과 미국의 APR1000 노형이 각축을 벌이고 있다. 아마도 두 노형을 동시에 도입할 가능성이 높다. 한편 프랑스 EDF전력회사 주관으로 여론조사를 전문기관(YouGov)에 의뢰해 실시한 결과, "원전이 영국의 주요 에너지원으로서 역할을 해야 한다"는 데 대한 찬성률이 후쿠시마 원전사고 직후 61%였던 것이 최근에는 63%로 상승했다고 보도하고 있다.[5)]

■ APEC 입장

최근(2012년 6월) 아시아 · 태평양경제회의(APEC)가 러시아에서 개최되었다. APEC의 에너지 수요는 전 세계의 60%를 차지하며, 총 21개국으로 구성되어 있고, 이 중 8개 국가는 원전을 운영하고 있는 국가이다. 이 회의에서 원자력의 미래 에너지로서 역할이 재삼 강조되었다. APEC은 후쿠시마 원전사고에도 불구하고 2005년 기준의 온실가스 45% 감축을 2035년까지 달성하기 위한 방안은 원자력의 역할에 기대를 걸 수밖에 없다는 내용을 공동 성명으로 발표했다. 물론 국제기구인 IAEA와 유럽연합 국가의 의견을 많이 대변하고 있는 OECD/NEA와도 같은 맥락에서 협

5) *WNA News*, 2012. 7. 3.

력할 것임을 천명했다.

■ 독일

독일은 후쿠시마 원전사고가 발생되면서 가장 민감하게 반응한 국가로 평가된다. 앙겔라 메르켈(Angela Merkel) 총리는 사고 발생 후 3일째 되던 2011년 3월 15일, 독일의 모든 원전에 대한 안전성을 3개월 내에 확인할 것을 지시하고 운전 이력 30년이 넘는 모든 원전, 즉 1980년 이전에 건설된 원전은 더 이상 운전을 못하도록 결정했다. 이 결정에 따라 7기의 원전이 바로 운전 정지되었으며 법적 조치가 진행되고 있다. 나머지 10기의 원전도 최종적으로 2022년에는 모두 퇴역하게 되어 있다. 이러한 결정에 유럽 각국은 당혹스러워한 것이 사실이다. 독일의 성급한 결정이 유럽의 에너지 사정을 어렵게 만드는 것이라는 내용으로 영국은 공개적으로 이를 비난하고 나섰다.

■ 스위스

후쿠시마 원전사고 이후 원자력을 더 이상 건설하지 않기로 발표한 국가는 스위스이다. 스위스는 현재 원자력에 의한 전력 생산이 40%이다. 단 스위스 정부 발표는 현재 운전 중인 발전소의 수명 기간 동안은 변함없이 원전을 가동한다는 것이다. 스위스의 전력 구조는 수력과 원자력이 주력으로 전력을 공급하기 때문에 이산화탄소를 2020년까지 20% 감축하려는 그들의 목표는 어려움이 없어 보인다. 운전 중인 4기의 원전 중 2017년에 1기의 원전이 문을 닫게 된다. 어떻든 신재생 에너지로 선회하려는 그들의 목표가 달성될 것인지는 그렇게 어렵지는 않겠지만 마지막 원전이 문을 닫을 2029년과 2035년은 아직도 멀었으며, 2017년에 과연 첫 번째 원전이 문을 닫을 것인지는 현재로는 알 수 없다.

■ 러시아

러시아는 후쿠시마 원전사고의 영향을 거의 받지 않은 국가로 평가되고 있다. 러시아는 금년 얼마 전에 개최된 APEC 외교장관회의에서 기후변화와 현재의 한정된 부존자원에 대체하기 위해 원자력의 역할이 필요하다는 공동 성명을 이끌어 낸 바 있다. 즉, 세계에서 원전 건설을 적극적으로 추진하고 있는 국가 중의 하나로 꼽힌다. 러시아는 자국의 원전 건설을 체르노빌 사고 후, 한동안 조용했지만 서방 원전 기술과 대등한 기술을 개발하면서 국내는 물론, 외국 수출에 열을 올리고 있다. 이미 인도에 진출해 대규모 원전을 건설하고 있다. 그들의 가압경수로형인 VVER1200 노형을 최고 10기 이상 현지에 건설한다는 목표를 갖고 있다. 그러나 최근 인도와의 원전 수출에 따른 보험 문제가 현안으로 부각되어 양국 간에 불협화음이 일고 있다. 인도 등의 수출에 이어 동구권 수출도 강세이다. 왜냐하면 동구권 국가들은 구소련의 기술에 익숙해 있어 서방의 노형으로 변경한다는 것이 쉽지 않아 울며 겨자 먹기로 러시아제인 VVER 노형을 선택하기 때문이다. 그리고 러시아는 서방 진출도 계획하고 있다. 영국에 진출할 목표를 세우고 이를 추진한다는 기사가 자주 나온다. 러시아는 베트남을 근거 기지로 삼아 동남아시아 진출을 꾀하고 있다. 이미 베트남에서는 2기의 원전이 진행 중이다. 또한 터키에도 2기의 원전 건설이 오래전에 확정되어 진행되고 있다.

러시아는 현재 운전 중인 열중성자로뿐 아니라 제4세대인 고속로를 개발하고 있다. 600MW급인 BN600 중형 고속로는 이미 운전 중이지만 이를 대체하기 위해 1200MW급의 고속로를 2020년까지 건설한다는 계획을 수립해 추진 중에 있다. 또한 75MW급의 소형이기는 하지만 해상발전소(Off Shore Plant)를 건설하고 있으며, 이 또한 인도 · 중국 등에 판매 상담을 하고 있다. 또 다른 소형 원자로를 쇄빙선(LK 모델)에 탑재한다는 계획을 발표하고 실행에 들어간 것으로 알려져 있다.

5. 비등경수로 노형인 후쿠시마 원전과 한국의 가압경수로

그러면 조금 더 후쿠시마 원전과 한국의 가압경수로를 비교해 보자. 후쿠시마 원전은 한국의 가압경수로와 달리 원자로 내에서 물을 끓게 하

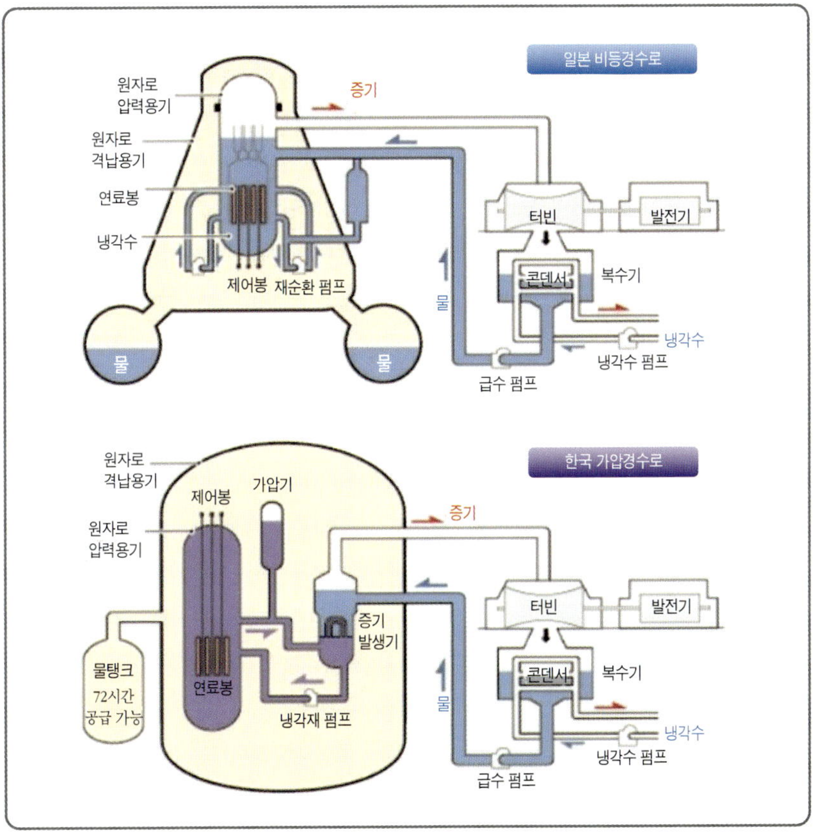

[그림 5-7] **후쿠시마 원전과 국내 원전 구조 비교**

여 바로 증기를 만들게 하는 비등경수로이다. 이 원자로는 경제적인 장점도 있으나 이번과 같은 사고에서는 가압경수로에 비해 안전성 측면에서 취약하다고 하겠다. 즉, 가압경수로는 원자로 물의 온도가 약 320℃의 물을 가압기로 압력을 가해 증기 생성을 막는다. 열교환기를 하나 더 두어 증기를 발생하게 하기 때문에 이번과 같은 사고가 난다 하더라도 급격하게 원자로 온도가 상승하지는 않으며 핵연료가 물 바깥으로 노출되기까지는 오랜 시간이 걸린다.

가압경수로 형은 용량에 따라 약 60~70m 높이와 약 50m 직경의 원자로 격납용기로 구축되어 있어 다중방어 수단으로 어떠한 방사성물질도 외부로 누출되지 않도록 견고하게 유지하도록 되어 있다. 원자로 내의 고온의 물에서 발생할 수 있는 수소를 가둘 수 있는 격납용기는 후쿠시마 원전과 달리 여유가 있다. 후쿠시마 원전과 같은 용융사고에서 TMI 원전은 수소가 발생했지만 폭발하지는 않았다. TMI 사고 이후 안전성 제고 방안의 하나로 수소 제거 설비가 원전에 설치되었다. 특히 최근에는 무전원에도 작동하는 수소 제거 기술이 개발되어 신규 원전에 적용했다. 물론 운전 중인 발전소에도 설치되고 있다. 일본의 경우, 수소 제거기가 설치되었으나 전원이 상실된 경우이니 작동이 될 수 없어 무용지물이 된 꼴이다.

6.원전 중대사고에 대비한 안전 대책 강화 방안

일본의 후쿠시마 원전사고로 인해 원전을 보유한 모든 국가는 하나같이 자국 보유 원전의 안전성에 대해 재확인하고자 했고, 또한 후쿠시마 사고에 의한 원인 파악과 함께 조사 결과에 대한 결론 및 교훈을 충분히 받아들이려는 자세를 취했다. 이는 원전의 안전성이 바로 인간과 환경에 직접 영향을 직접 주고 있기 때문이기도 하며, 원자력에 대한 국민의 신뢰를 의식하지 않을 수 없기 때문이다. UN기구 산하의 국제 원자력기구인 IAEA의 전문가 팀은 일본 정부의 동의 하에 10일간의 현장 검증과 함께 현지의 실무진과 면담하면서 사실 확인(fact finding)에 입각한 보고서를 작성해 제출했다.

또한 IAEA, OECD/NEA, WANO 등 국제기구들은 각 국가에서 운영 중인 원전의 안전성 및 취약성을 후쿠시마 사고에 근거하여 종합적으로 평가하고자 노력하고 있다. 그 결과가 총체적으로 나타난 것이 유럽이사회(European Council)의 안전성 확인 검증(stress test)이다. 스트레스 테스트는 유럽 각국이 독립적으로 수행하고 그 결과에 대해 EU 국가들의 상호 검토가 이루어지고 대중에게 공개하는 것을 원칙으로 한다. 추진 일정을 보면, 2012년 6월 말까지 유럽이사회에 보고하는 것으로 추진했지만 조금 늦어질 가능성도 있다.

방법으로는 벨기에, 불가리아, 핀란드, 프랑스, 독일, 헝가리, 루마니아, 스페인, 스웨덴 등 12개 국가에서 자국이 보유한 원전 1기를 선정, 확인하도록 했는데 노형별로는 PWR 4기, BWR 3기, VVER(러시아 가압경수로) 3기, GCR 1기, 가압중수로 1기 등이다. EU 내 모든 원전의 스트레스 테스트 결과는 크게 지진 충격, 침수, 외부 전원 상실, 내외부 전원 상실, 최종 열 제거원 상실 및 중대사고 대응 등으로 구분해 수행되었다. 그동안 각 국가별로 수행해 오던 안전성 평가 및 확인을 EU 차원에서 동일한 기준으로 상호 확인을 했다는 데 큰 의의를 갖는다. 특히 후쿠시마 원전 사고 이후 자연재해가 안전에 심각한 위협을 가하고 있고 결과에 따라 중대사고로 확대될 수 있다는 데 모든 EU 국가가 이해를 같이하고 있는 것이다. 이번에 선정, 추진된 12기의 원전뿐 아니라 EU 14개국의 모든 원전

143기에 대해 같은 방식으로 국가별로 실시하고 있다.

한국의 사정은 어떤지 확인해 보자. 후쿠시마 원전사고 이후 정부(당시 교육과학기술부)와 전문가 팀은 전력회사의 협조 하에 신속하게 원인을 파악하고, 특히 IAEA에서 제시한 결론과 교훈을 바탕으로 전문가로 구성된 국내 원전조사위원회에서 국내의 모든 원전에 대해 현장조사에 착수한 바 있다. 후쿠시마 원전과 한국의 원전은 노형이 서로 달라 직접적인 영향을 대비하기는 어려운 점이 있지만 안전성 관점에서 판단하면 무엇보다 자연재해에 대한 대책을 강화해야 한다는 것이다. 지진에 의한 구조물 안전성, 해일에 의한 구조물 안전성, 침수 발생 시에 냉각 기능의 보완, 중대사고 대응, 고리 1호기 및 장기 가동 원전에 대한 대책, 비상대응 및 비상 진료 체계 등 총 46건의 사항을 도출해 이를 보완하여 우선순위에 따라 보완 사항을 완료할 계획이다. 안전성 주요 증진 내용을 보면 해안 방벽의 10m 증축 및 방수문 설치, 피동형 수소 제거 설비의 설치, 지진 자동 정지 설비 설치, 이동 비상 발전 차량 확보, 격납건물 배기 및 감압 계통 설치, 원전 인근 주민 보호용 방사선 방호 장비 추가 확보 등으로 요약할 수 있다. 즉, 후쿠시마 원전사고의 교훈에 근거한 것으로 비상 전력 공급 및 비상 냉각 시스템 강화, 중대사고 예방을 위한 대응 강화, 중대사고 대응 수단 강화, 사용후 핵연료 저장조에 대한 안전성 강화, 그리고 수소 폭발 가능성에 대한 대책 등을 강화해야 할 것으로 요약할 수 있다.

IAEA의 조사에 의하면, 2011년도 세계 원전 가동률 평균은 78.7%로 2010년의 81.0%에 비해 떨어졌다. 근본 이유는 바로 후쿠시마 원전사고에 따른 발전 중지와 일본 원전의 안전성 검사로 인한 가동 정지와 독일의 일부 원전의 가동 정지 때문인 것으로 분석된다.

7. 후쿠시마 원전사고에 따른 방사능 물질 누출 영향

후쿠시마 원전 방사능 물질의 누출 및 환경감시

대지진과 해일에 의한 후쿠시마 원전 정지와 외부 및 내부 전원 상실로 원자로 노심에 있던 연료의 냉각이 불가능해지면서 연료가 용융되고 이로 인해 방사능 물질이 외부로 누출되었다. 이러한 상태에서 방사능이 환경에 미치는 영향을 확인하기 위해 환경감시를 해야 하는데, 당초 지방자치단체가 하기로 되어 있었으나 사고가 난 5일 후에야 사건의 중요성을 감안해 문부과학성이 지자체, 방위성 및 전력회사의 협조 하에 직접 수행하기로 결정했다.

이 방사능 감시 결과에 따라 '식품위생법'에 제시된 음식물 섭취 제한치에 관한 지표를 규제치로 채택했다. 원자력 비상대응 본부장인 일본 내각총리는 자치단체를 지도하여 규제치를 초과하는 음식물의 반입을 제한했다. 또한 일본 정부는 수돗물 섭취에 대한 기준치를 권고하고 지자체에 감시 결과를 공개했다. 환경감시 결과에 따르면 당시 반경 20km 외곽에도 방사능 준위가 높은 수준을 유지하는 지역이 있는 것으로 나타나 재평가가 이루어졌으며, 반경 20km와 30km 사이에 있는 지역은 소개(疏開) 지역과 소개 준비 지역으로 분류했다.

방사성물질의 환경 및 해수 방출

사고가 나고 1개월, 2개월이 지나면서 방사성물질이 환경 및 해수로 방출되는 양이 증가한 것으로 나타났다. 특히 원자로 냉각수로 주입된 원자로 압력용기 내로부터 방출된 방사성물질을 포함한 물이 외부로 누출되었다. 또 원자로 및 사용후 핵연료 저장조의 냉각을 위해 외부에서 주입된 냉각수의 일부가 누출되어 원자로 건물과 터빈 건물 내에 축적되어 원자로 건물과 터빈 건물 내부에 있던 오염수에 대한 관리가 중요한 현안이 되었다.

사고가 나고 10여 일이 지난 뒤, 후쿠시마 제2호기의 취수구 부근, 전원 케이블의 피트 내에 1,000mSv/h를 초과하는 고준위 오염수가 발견되었으며, 이 오염수가 해수로 유출되었던 것이다. 방사성물질의 총 방출량은 약 4.7×10^{15}Bq로 추정되었다. 한편 긴급조치로서 고준위의 오염수를 탱크에 저장하기로 결정했지만 저장 탱크가 준비되기까지 바다로 고준위 오염수가 방출된 것이다. 집계된 총 방출량은 약 1.5×10^{11}Bq로 추정하고 있다.

후쿠시마 원전사고에 따른 방재 대책

일본은 재해대책기본법에 따라 방재 대책의 조치가 취해지지만 이는 TMI 원전사고 이후 강화되어 내각총리의 지시에 따라 진행하도록 되어 있다. 최근의 법은 환경방사선 모니터링지침을 개정한 것이다. 원자력긴급사태선언을 내각총리가 발령하도록 하고 방재 대책의 이행은 전적으로 사업자에게 의무화했다. 긴급사태가 발동되면 관련 기관의 합동으로 '원자력재해합동대책협의회'를 조직해 원활한 합동 체제를 구축하도록 되어 있다. 실제 재해대책본부장인 일본 총리는 현지에서 법에 따라 실질적인 책임자로 방재 대책에 대한 정부의 관련 조직과 사업자의 방재 업무를 총괄했다.

후쿠시마 원전사고 비상 대응

대지진과 해일로 인한 발전소 교류 전원이 상실됨에 따라 발전회사는 '원자력재해비상대책특별법'에 의해 지진 발생 당일인 2011년 3월 11일 15시 42분에 전원 상실 내용을 정부에 보고했다. 이와 함께 전력회사는 비상 노심 냉각 계통을 통한 냉각수 주입이 불능한 상태임을 인지했고, 이 사실을 같은 날 16시 45분에 정부에 또한 보고했다. 이를 근거로 내각총리는 원자력비상사태를 선포했으며, 즉각적으로 원자력비상대응본부와 지역 원자력비상대응본부를 발족시켜 총리가 직접 조직을 지휘했다. 3월 15일, 정부와 발전회사 조직을 통합, 통합본부를 설치해 당시의 급박한 환경에 대처하는 데 초점을 맞추었다.

일본 내각총리는 원자력 비상 대응 최고책임자로서 방사성물질의 방출 가능성을 판단해 소개지역과 자택 내 대피를 결정했고 지역주민은 그 결정을 따르도록 했다. 1차적으로 3월 11일 21시 23분, 후쿠시마 제1호기 반경 3km 이내 지역을 소개지역, 3~10km 지역은 자택 대피지역으로 설정했다. 다음날인 3월 12일 18시 25분, 소개지역을 반경 20km까지, 그리고 3월 15일 11시에는 자택 대피지역을 반경 30km까지 확대했다. 이의 소개지역에 대해서는 지방정부 및 경찰 및 당국의 협조로 통제되었다. 사고가 오래 지속될수록 주민들의 부담은 가중되었지만 자발적으로 정부의 방침에 따르는 면모를 보여주기도 했다.

한편 후쿠시마 원전사고와 관련, 우리나라는 일본과 이웃하기도 하지만 후쿠시마 원전사고에 따라 방사선의 이동 경로와 안전 관련 파장의 실시간 확인을 위해 한국원자력안전기술원에 비상상황실을 설치하고 진행 상황을 면밀히 검토 분석하여 일반대중이 안심할 수 있도록 지속적으로 가동한 바 있다.

후쿠시마 인근 방사선 피폭 현황 및 사회적 영향

일본 정부는 사고 상황에 비추어 사고 확대를 막기 위해 최선을 다했다. 종사자의 개인 피폭 제한치를 100mSv에서 250mSv로 변경했다. 이것은 비상 구조작업에 투입되는 개인 피폭 제한치 500mSv에 근거한 것이다. 방사선 작업에 투입된 개인의 피폭 현황을 보면 5월 23일자에 해당 지역에 투입된 작업자는 7,800명이었고 평균 피폭량은 7.7mSv이었다. 이들 중 30명은 100mSv를 초과했지만 설정된 개인 피폭 제한치를 지키도록 했다. 인근 주민의 방사선 피폭에 대한 5월 31일 검사는 195,345명이었지만 주민에 대한 건강상의 피해는 없었다. 또한 어린이 1,080명에 대한 갑상선 피폭 검사를 받았지만 최하 수준 미만이었다.

일본 정부(후생노동성)는 식품위생법 상의 잠정규제치를 발표하고 식품, 수돗물, 대기, 해수, 토양 등의 방사능 오염에 대처하도록 했다. 사고로 인한 피해 주민은 20km 이내의 피난구역 주민이 78,000명, 계획적 피난구역 인구 10,000명으로 집계되었다. 후생노동성에 의해 책정된 방사

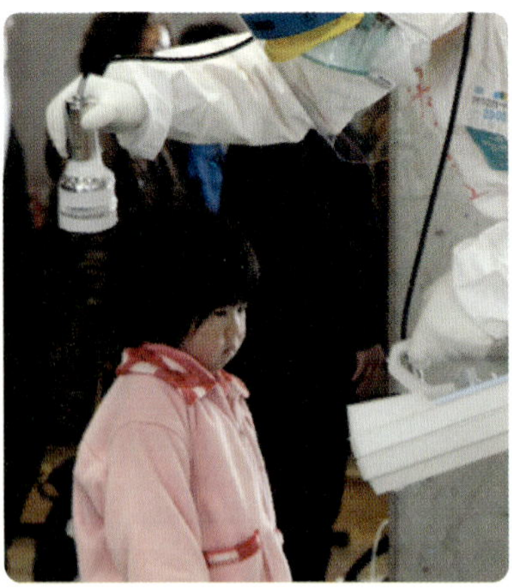

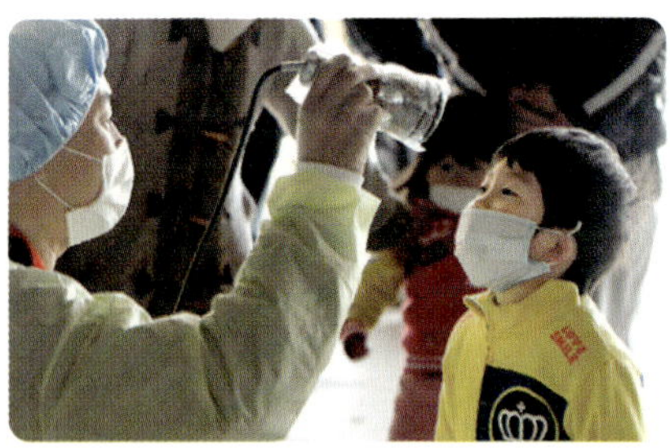

방사능 노출 테스트를 받고 있는 후쿠시마 어린이들

능의 기준치는 음료수의 경우 300Bq/kg 이하, 유아의 경우 100Bq/kg 이하로 정했지만 5월 10일 이후 해제했으며, 농림수산청은 후쿠시마 인근의 시금치 등 출하를 제한한 바 있다. 사회적으로 가장 큰 영향을 끼친 것은 무엇보다도 제한 송전을 할 수밖에 없는 전력 사정이었다.

제 6 장 방사선 및 방사선 방호

1. 방사선의 정체

방사선의 발견

방사선이라는 말은 많이 알려져 있고 최근 원전사고에 따른 방사선 누출로 우리에게 관심을 불러일으키고 있다. 실제 방사선이 발견된 것은 1895년의 일이다. 빌헬름 콘라트 뢴트겐(Wilhelm Konrad Röntgen, 1845-1923)이 음극선 실험을 하던 중에 이제까지 본 적이 없는 현상을 발견한 것이다. 그의 실험은 내부의 공기를 뺀 진공도가 높은 유리관을 사용해 그 안에 장치된 전극에 방전을 일으키는 것이었다. 이때 유리관에 검은 종이를 덮고 있었는데도 불구하고 우연히 암실에 있던 형광판이 형광을 일으키는 것을 발견했다. 무언가 검은 종이를 뚫고 나온 것이 틀림없는데 형광판에 부딪쳐 빛이 발생한 것으로 판단했다. 이를 조사해 보니 검은 종이를 빠져 나온 무언가가 사진 건판도 감광시킨다는 것을 알게 되었고, 형광판 위에 손을 가리면 손의 뼈 부위만 잘 보인다는 것도 알게 되었다. 뢴트겐은 유리관에 나오는 무언가를 우선 X선이라 명명했다.

이러한 놀라운 사실이 채 가시기도 전, 프랑스의 앙투안 앙리 베크렐(Antoine Henri Becquerrel, 1852-1908)은 우연히 사진 건판 위에 엷은 구리 십자가를 두고, 그 위에 우라늄 화합물의 결정을 두었을 때 일인데 나중에 건판을 현상해 보니 십자가 형태가 찍혀 있었다. 베크렐은 우라늄 화합물이 X선과 비슷한 방사선을 내고 있음을 발견한 것이다.

같은 세대의 사람이지만 퀴리부인(Marie Curie, 1867-1934)은 남편 피에르 퀴리(Pierre Curie, 1859-1906)와 협력하여 연구를 수행했다. 우라늄이 많이 함유된 광물에서 방사선 방출 물질인 라듐과 또 다른 물질을 분리하는 데 성공했다. 이때 새로운 물질을 고국인 폴란드를 기념하여 폴로늄이라 명명했다. 그리고 이렇게 방사선을 내는 성질을 방사능이라고 이름 붙였다. 이러한 노력에 힘입어 퀴리부인은 노벨상을 받았다.

원소에는 안정한 원소와 불안정한 원소가 있는데 불안정한 원소는 방사선을 방출함으로써 안정한 원소가 되려는 성질이 있으며, 안정한 원소가 될 때까지 계속 방사선을 방출한다. 이렇게 방사선을 내는 원소를 방사성 원소라 하고 방사선을 내서 다른 원소로 변화하려는 현상을 방사성 원소의 붕괴라고 한다. 방사성 원소가 붕괴되면서 그 방사능량이 반이 될 때까지 걸리는 시간을 반감기라 한다. 반감기는 방사성 원소의 종류에 따라 다르다. 반감기가 짧다는 것은 그만큼 빨리 방사능이 없어진다는 뜻이다.

방사선이 물질에 미치는 영향

방사선은 공간이나 물질 속을 통과해 간다. 그 통과 정도는 가벼운 물질을 더 잘 통과하고, 금속 등 무거운 물질 속에서는 그다지 멀리 통과하지 못한다. 방사선이 물, 공기, 생체조직 등에 닿았을 때, 이것들이 구성하고 있는 원자에서 전자를 튕겨내는 역할을 한다. 원자를 구성하고 있는 마이너스인 전자가 튕겨나가면, 원자 전체로는 마이너스 전기가 줄어든 만큼 플러스 전기를 띤다. 즉, 전자의 마이너스와 원자 전체의 플러스로 나뉘는데 이런 현상을 전리 현상이라 한다. 이렇게 전리 현상에 따라 전자와 이온의 두 개 그룹으로 분리된다. 수소와 산소가 결합된 것이 물(H_2O)인데 두 개가 분리되면 수소기와 산소기가 생기지만 곧 되돌아가 재결합될 수 있지만 생체계의 복잡한 물질 안에서는 분리와 함께 복잡해진다.

이러한 현상 이외에도 방사선의 작용을 종류별도 보면 알파, 베타, 감마 또는 X선 등이 있다.

방사선의 종류와 성질

방사선이라 하면 알파, 베타, 감마선(X선 포함) 이외에 전파, 자외선 등도 포함된다. 그리고 물질과 반응해 전리를 일으킬 수 있는 것을 전리방사선이라 한다. 알파선은 방사성물질이 방출하는 알파 입자의 흐름이다. 알파 입자는 양성자 2개, 중성자 2개로 이루어진 입자로, 헬륨 원자핵과 같고 양성자가 2개 있기 때문에 플러스 전기를 띤다. 알파선은 베타 방사선에 비하면 물체를 뚫고 나가는 힘이 약해 종이 한 장으로도 이를 정지시킬 수 있다. 그 대신, 짧은 거리에 막혀 있는 물질에 대해서는 모든 에너지를 주게 되므로 방사선의 영향은 크다. 베타선은 알파선과 같이 방사성물질에서 방출되는 입자로서 전자 또는 양전자의 흐름이다. 알파선에 비해 사물에 끼치는 영향은 적지만 투과력이 세다. 알루미늄 포일을 겨우 통과할 수 있을 정도의 투과력이다. 감마선과 X선은 전자파이다. TV 방송에 사용되는 전자파도 세기의 문제이지 같은 것이다. 전자파의

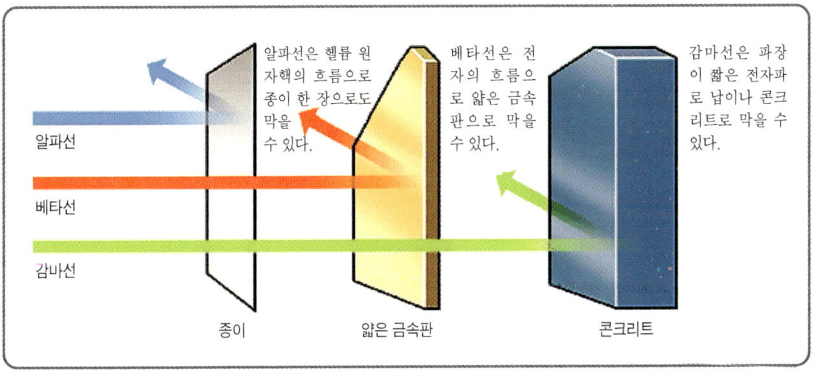

[그림 6-1] **방사선 종류와 투과력 비교**

성질과 같이 공간을 타고 퍼지며 물질 안을 잘 통과한다. 감마선은 원자핵이 변환할 때 발생한다. 그러나 X선은 대개 고속의 전자를 진공관의 일종인 X선관인 양극에 충돌시켜 발생시킨다. 이 밖에도 방사선의 종류로 중성자가 있다. 중성자는 원자핵으로부터 나오는데 우라늄 같은 원자핵이 분열하면서 발생한다. 생성된 중성자는 다른 우라늄과 충돌해 핵분열을 일으키고 연쇄반응의 중요한 역할을 한다.

주요 방사선의 종류에 따라 투과력을 요약하면 [그림 6-1]과 같다.

방사선은 물질을 전리할 수 있어 이 성질을 이용해 방사선의 존재를 알 수 있다. 방사선은 눈에 보이지도 않고 냄새도 없지만 물질이 전리된 것을 간단한 전기신호로 검출이 가능하다. 방사선이 1초 동안에 붕괴되는 양은 미량이라도 검출이 가능하다. 미량의 화학물질을 검출하는 것은 쉽지 않지만 미량의 방사선량은 측정할 수 있다.

방사선 단위

방사선의 표시에는 단위를 통일시킬 필요가 있다. 방사선에 의해 받

표 6-1 방사선의 단위

구분	국제 단위	이전 단위	국제 단위
방사능	Bq(베크렐)	Ci(퀴리)	$1Ci = 3.7 \times 10^{10}Bq$
조사선량	C · kg	R(뢴트겐)	$1R = 2.58 \times 10^{-4}C \cdot kg^{-1}$
흡수선량	Gy(그레이)	rad(라드)	1Gy = 100rad
등가선량	Sv(시버트)	rem(렘)	1Sv = 100rem
유효선량			

게 되는 양이 어느 정도, 어떤 영향을 주는지를 공동으로 이해할 필요가 있다. 방사선 단위의 하나로 방사선이 인체에 미치는 영향의 정도를 시버트(Sievert: Sv) 단위를 사용하나 너무 큰 단위이기 때문에 이의 1,000분의 1인 밀리 시버트(mSv)를 주로 사용한다.

방사선을 받는 것을 방사선 피폭이라 한다. 피폭에 의해 사람이 받는 방사선량을 피폭선량이라 한다. 피폭선량으로 mSv를 사용하면 어떤 방사선을 받았는지를 꼼꼼하게 생각하지 않아도 영향을 알 수 있다. 알코올을 마셔도 맥주와 위스키가 달라 맥주 100ml와 위스키 100ml는 서로 크게 차이가 나지만 mSv의 단위는 각기 다른 방사선의 가중지수를 다 고려해 계산되었기 때문에 밀리 시버트에 나타난 숫자만 같다면 그 영향도 같은 것으로 이해하면 된다.

또 다른 방사선 단위를 예를 들어 보자. 방사선의 세기를 측정하는 가장 오래된 방법은 1초에 몇 번의 방사성 붕괴가 일어나느냐를 측정하는 것이다. 1초에 한 번의 방사성 붕괴가 일어나는 경우의 방사능의 세기를 1베크렐(Bq)이라고 한다. 베크렐은 너무 작은 값이어서 퀴리(Ci)라는 단위를 사용하기도 하는데 1Ci는 3.7×1010Bq로 나타낸다.

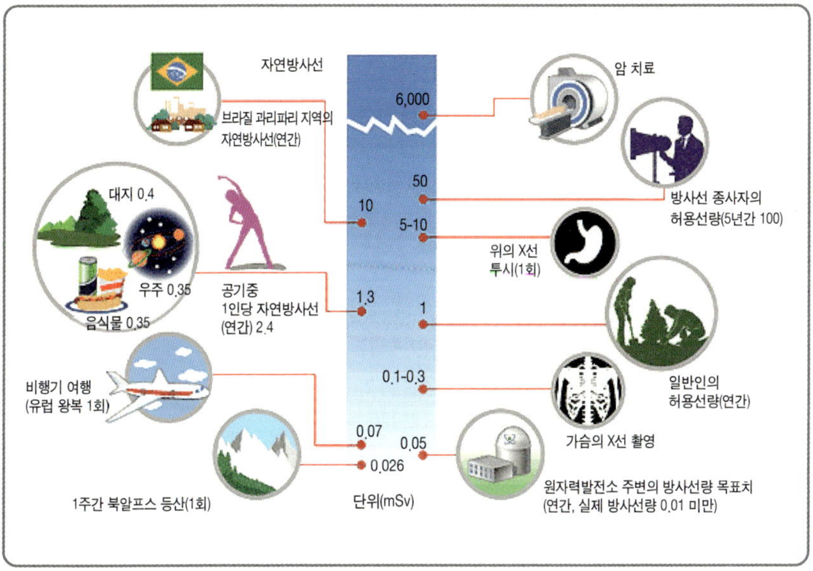

[그림 6-2] **자연방사선과 인공방사선의 세기 비교**

그러나 방사선의 개수보다는 방사선이 가지고 있는 에너지가 중요하다. 방사선이 전달하는 에너지를 나타내는 단위에는 그레이(Gy)라는 단위가 가장 많이 사용된다. 1Gy는 1kg의 물체가 방사선을 통해 1J의 에너지를 흡수했을 때의 흡수선량이다. 흡수선량을 나타내는 데는 라드(rad)라는 단위가 사용되기도 하는데 1rad는 0.01Gy이다.

앞서 언급한 것과 같이 방사선이 위험한 것은 원자나 분자들을 전리시키기 때문이다. 따라서 방사선의 위험도를 나타낼 때는 방사선이 물질을 전리시키는 정도를 나타내는 것이 더 좋을 때가 많다. 전리된 정도는 단위 질량당 생성된 전하량(C/kg)으로 나타낸다. 전리 정도를 나타내는 또 다른 단위에는 뢴트겐(R)이라는 단위가 있다. 1뢴트겐(R)은 2.58×10-4C/kg이다.

생물은 자연방사선과 공존

우리들이 살고 있는 우주는 약 150~200억 년쯤 옛날에 빅뱅에 의해 생겨났다고 한다. 그 이후 우주는 팽창하고 냉각되어 여러 가지 물질이 만들어지게 되었다. 이런 과정에서 별이나 은하, 초은하 집단 등이 탄생했다. 별이 생기는 과정에서 일어나는 핵융합 반응이나 별이 일생을 마칠 때의 폭발이 되풀이된 결과로 우주공간에는 가벼운 원소에서 무거운 원소에 이르기까지 여러 가지의 원소가 가스나 먼지 형태로 떠다니게 되었다.

이 가운데 방사성 원소도 많이 있다. 이렇게 생긴 방사성 원소는 꽤 많다고 한다. 즉, 지구를 구성하고 있는 원소에도 방사성 원소가 있다는 것이다. 이 원소들은 알파선, 베타선, 감마선 등을 내면서 점차 안정된 원소로 변해 가고 있다. 따라서 지구는 처음부터 방사성 원소와 방사선이 존재해 왔던 것이다. 또한 이 지구에는 다양한 방사선이 쏟아지고 있다. 인간으로 탄생된 우리는 탄생한 당시부터 우주나 대지로부터 방사선을 계속 받으면서 살아온 것이다. 다만 우리가 그러한 사실을 모르고 오늘에 이른 것일 뿐이다. 앞으로도 크게 바뀌지 않고 지구상의 생물은 모두 자연계에 있는 방사선과 공존해 갈 수밖에 없다.

우선 대기권 밖에서 오는 우주선(cosmic ray)이 지금도 쏟아지고 있다. 우주선은 태양에서 온다. 그러나 태양과 반대 방향으로도 우주선은 쏟아진다. 지구 밖으로부터 오는 방사선을 1차 우주선이라 하는데, 이는 산소나 질소 등 대기의 물질과 충돌해 2차 우주선을 만들어 낸다. 높은 곳으로 가면 우주선을 막아 주는 대기층이 엷어지므로 평지보다 더 많은 우주선을 받게 된다. 이를테면 일본의 후지산 정상에서는 평지의 5배에 달하는 방사선을 받는다. 남미의 안데스산맥은 해발 4천 미터나 되는데, 여기에 살고 있는 사람들이나 하늘을 나는 비행기 승무원들은 평지에 사는 사람보다 0.1 밀리 시버트 가까이 방사선을 더 받는다. 우주선에 의해 받는 선량은 세계 평균 0.38밀리 시버트이다. 그러나 이런 방사선의 양은 인간이 태어날 때부터 자연적으로 받는 선량이므로 인체에 대해 영향이 없고 걱정할 필요도 없다.

대지에서 나오는 자연방사선

지역에 따라 자연방사선이 나오는 것이 다르다. 이는 토양에 포함된 광물질이 조금씩 다르기 때문이다. 이러한 현상은 지역에 따라 달라 지구상 어디에서나 같은 현상이다. 대지에서 나오는 방사선 양은 보통 연간 0.2~0.6밀리 시버트 정도이지만 브라질, 인도, 중국, 이탈리아, 프랑스, 이란 등에서는 곳에 따라 10배 이상 높은 곳도 있다. 브라질의 과라파리(Guarapari)라는 지방은 토양이 모나자이트(monazaite) 모래라고 해서 방사성물질인 토륨이 많이 포함되어 있어 대지에서 연간 10밀리 시버트의 높은 방사선을 받고 있다. 인도의 남서해안의 케랄라(Kerala)에서는 연간 38밀리 시버트를, 중국 남동쪽 광둥(廣東)의 어떤 지역은 주민이 3~4밀리 시버트를 받고 있다. 또 이란의 람사르(Ramsar)에는 라듐이 포함된 샘물이 나오는 곳이 있는데 이곳 주민들은 연간 100밀리 시버트나 되는 방사선을 받고 있다.

UN의 보고에 따르면, 자연방사선으로부터 우리가 받는 양은 1인당 2.4밀리 시버트로 보고 있다. 이는 체내에서 나오는 방사선(공기 중 라돈 등 흡입) 1.3밀리 시버트와 자신의 신체, 대지에서, 우주선에서 오는 것을 모두 합한 수치이다.

널리 이용되는 인공방사선

우리들은 방사선을 인공적으로 만들어 내거나 방사선을 내는 물질을 인공적으로 만들어 방사선을 편리하게 이용한다. 대표적인 것이 X선으로 병원에서 진단 등을 위해 일상적으로 사용하고 있다. 우리 대부분은 건강진단에 X선을 촬영하는 것을 필수적인 진단 행위로 보고 있다. X선의 진단에는 흉부, 식도, 위, 십이지장, 복부, 뼈, 치아, 간 등 다방면에서 행해지고 있고 단순 촬영이나 조영제를 써서 필름을 촬영하는 것 외에 요즘은 컴퓨터 단층촬영(Computerized Tomography: CT)도 널리 보급되고 있다. CT는 엑스선관을 몸 주위로 회전시켜 몸을 투과해 온 X선을 반대측의 검출장치에서 시각별로 받아서 그 강도를 컴퓨터로 계산함으로써 몸의 단면상을 만들어 판독하여 몸 속을 자세하게 해석할 수 있게 하는 진단 방법이다.

진단에는 방사선뿐 아니라 방사성물질을 자주 사용한다. 암 진단에서는 암 조직에 모이기 쉬운 방사성물질을 주사하면 암이 있는 곳에 모여 방사선을 내게 하는 것이다. 이것을 기계에서 자동적으로 검출해 도형을 그리게 하고 이를 판독하면 암의 진행 사항을 알 수 있다. 이렇듯 방사선은 암 진단에 큰 역할을 한다.

인공방사선은 공업이나 농업에도 널리 활용된다. 공업의 대표적인 분야가 비파괴 검사이다. 방사성물질을 선원으로 이용해 금속재료 등의 결함을 검출해 내게 하는 방법이다. 이때 사용하는 선원은 X선이나 감마선을 이용하며 반대편에 사진을 판독해 그 결함을 찾아내는 것이다. 농업의 경우를 예로 들면 소량의 방사성물질을 비료에 넣어 식물에 섭취시켜 비료의 식물 내 분포를 조사하거나 식물에 방사선을 바로 쪼여 돌연변이를 일으키게 하여 품종 개량을 한다. 감자에 방사선을 쪼여 발아력을 없애 보존 기간을 길게 하는 것도 잘 알려진 이용 방법이다.

2. 방사선이 인체에 미치는 영향

방사선이 인체에 미치는 영향

뢴트겐에 의해 X선이 발견된 것이 약 120년 전의 일이니 이를 원자력의 역사로 본다. 그 당시에는 방사선이 인체에 장해를 일으킨다는 사실을 몰랐다. 그러나 이를 취급하면서 많은 장해가 드러나게 되면서 생물에 미치는 영향에 대한 연구도 진행되었다. 그로 인해 의료 피폭자, 사고 피폭자, 원폭 피폭자 등에 관한 조사가 이루어져 대량의 방사선 피폭에 대한 영향을 상세하게 알 수 있게 되었다.

자연방사선은 앞서 언급했지만 지역에 따라 10배 이상의 차이가 있지만 크게 문제가 없고 이상이 나타나지 않으며 히로시마(廣島), 나가사키(長崎)의 원폭 피해자 조사에서도 낮은 방사선 선량을 받은 경우에는 다른 질병에 의한 영향과 구분되지 않았다. 암과 유전적 장해에 대해서는 연간 100밀리 시버트 이하의 낮은 방사선 선량에 의해 사람에게 영향을 미치는 명확한 증거는 발견되지 않았다. 그러나 방사선을 취급할 경우 안전을 우선하고 중요하게 생각해 아무리 낮은 선량이라도 방호 대책을 강구하도록 되어 있다.

방사선이 인체에 닿았을 때 어떤 영향을 미치는가? 방사선은 자연방사선과 인공방사선이 있는데, 다른 점이 없으며 어디까지나 방사선의 양에 대한 문제이다. 방사선은 전리작용을 한다. 즉, 방사선이 세포에 닿으면 전리작용을 하게 되면서 유전자 손상 등 영향이 나타날 수 있다.

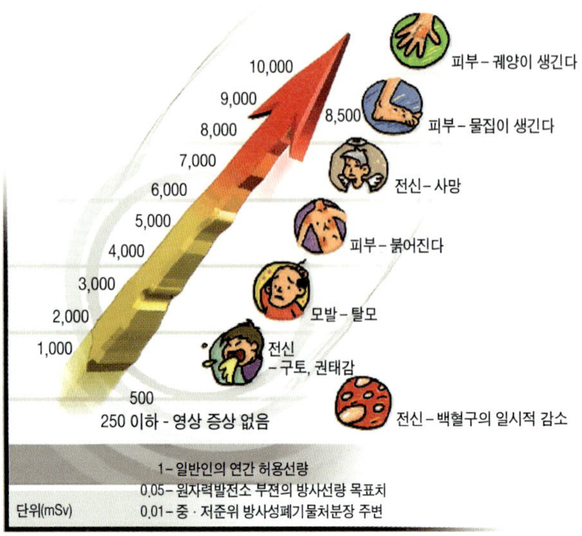

[그림 6-3] **대량의 방사선을 한꺼번에 받았을 때 증상**

이러한 과정에서 중요한 것은 방사선의 양임을 알아야 한다. 예를 들어 전신에 걸쳐 한 번에 1,000밀리 시버트의 방사선을 받으면 구역질이 나거나 토하며 전신이 나른해지는 느낌을 받는다. 한 번에 4,000밀리 시버트를 받으면 받은 사람의 절반은 사망한다. 이렇게 바로 나타나는 장해 현상을 급성장해라 한다.

어떤 경우는 잠복기를 거쳐 장해가 나타나는 경우도 있다. 일본의 핵무기 피해 지역인 히로시마, 나가사키의 경우 5,000밀리 시버트 정도를 받은 경우 몇 개월 내지 몇 년 후에 백내장이 나타나는 사람이 있었다. 이를 지발장해라 한다.

인체에 미치는 영향을 알기 쉽게 도시하면 [그림 6-3]과 같다.

국제방사선방호위원회(ICRP) 권고치와 우리나라 방사선 법규

방사선에 관한 기준을 얘기할 때는 국제방사선방호위원회(International Committee on Radiological Protection: ICRP)를 자주 거론한다. 이 위원회는 1928년 국제 X선 라듐방호위원회(Council on X-ray and Radium Protection: CXRP)로 출범했다가 1950년에 현재의 ICRP로 개명되었다. CXRP가 조직되기 전 1920년대에는 방사선의 용인 선량을 제안하는 등의 노력이 이루어졌다. 당시 방사선단위측정위원회(ICRU)라는 분과를 설치해 제안된 방사선량 단위를 뢴트겐(R)으로 채택한 바 있다. 방사선 이용에 따른 인체의 안전 확보와 환경 보전을 위해 세계 전문가가 모여 검토, 평가해 방사선 방호 기준에 대한 권고를 해 왔다. 각국은 이를 존중하고 이 권고치를 근거로 자국의 방사선에 관한 법 규정을 제정하고 있다.

ICRP에서는 사람이 받는 방사선 선량에 대해 종전은 될 수 있는 한 적게 해 두는 것이 안전하다고 권고했는데 지금은 아무리 낮은 선량이라도 그 나름대로 영향이 있다는 가정에서 방사선 방호 기준을 권고하고 있다. 즉, 1977년에 개정된 기본권고 ICRP 26은 방사선 방호의 최적화, 다른 표현으로는 합리적 최소(As Low As Reasonably Achievable: ALARA) 개념이 정립되었고, 신체의 다른 조직에서 방사선 위험을 종합하여 표현하

표 6-2 개인별 선량 한도(ICRP 권고치)

구분		방사선 작업 종사자	수시 출입자 및 운반 종사자	일반인
유효선량 한도		연간 50mSv를 넘지 아니하는 범위에서 5년간 100mSv	연간 12mSv	연간 1mSv
등가선량 한도	수정체	연간 150mSv	연간 15mSv	연간 15mSv
	손발 및 피부	연간 500mSv	연간 50mSv	연간 50mSv

는 유효 선량의 개념이 도입되었다. 1991년 개정된 기본권고인 ICRP 60은 그동안 일본 원폭 피해자의 역학조사 결과를 반영해 선량 한도가 전체적으로 40% 감소된 기준안을 제시했다. 선량 한도는 ICRP의 권고치를 일반인과 작업 종사자를 구분해 법에 정해놓은 값이다. 선량 한도를 초과했다 하더라도 임상적인 효과나 문제가 바로 생기는 것은 아니다.

우리나라의 방사선 장해 방지에 관한 법규는 모법인 원자력법과 원자력법 시행령이 있고, 방사선에 관련된 시행규칙으로 ICRP60 권고안에 기준을 둔 '방사선 안전관리 등의 기술 기준에 관한 규칙'이 있다. 방사선에 대한 모든 것을 여기에 다 담을 수 없기 때문에 원자력안전위원회 고시를 두어, 방사선 방호, 방사선 발생장치 적용, 방사선안전보고서 작성, 의료 분야의 방사선 안전관리, 방사선원의 누설 점검, 방사선 기기의 설계 승인 및 검사, 방사성동위원소 생산, 허가 사용 등이 규정되어 있다. 그 밖에 의료법, 약사법 등이 의료행위나 방사성동위원소를 사용한 의약품에 관한 방사선 방호 문제를 다루고 있으며, 방사선 피폭과 관련된 근로자의 안전 문제를 산업안전보건법에서 다루고 있다. 방사능 환경오염에 대한 문제는 환경정책기본법에서 다루고 있다.

3. 방사선 관리의 안전성

방사선의 선원은 자연방사선과 인공방사선으로 대별된다. 자연방사선은 우주선, 자연에 존재하는 방사성물질, 생물에 존재하는 방사성물질에서 발생한다. 그러나 인공방사선은 우리가 필요로 사용하는 방사성물질이나 행위에서 인공적으로 발생하는 것으로 의료용 방사선, 원자로 시설에서 발생하는 방사선, 방사성물질의 이용에서 수반되는 방사선, 처분된 방사성 폐기물, 사고로 방출된 방사성물질, 그리고 핵실험에 의한 강하물로 크게 구분할 수 있다.

방사선 영향 관점에서 본다면 인간이 관계하는 모든 환경이 관리 대상이 될 수 있다. 그러나 방사선 및 방사성물질을 이용할 때는 방사선 시설의 관리구역을 설정하므로 그 구역이나 주변 지역이 관리의 대상이 된다. 일반적인 방사선 시설에는 관리구역과 그 경계 대상 지역이 고려 대상이다. 방사선 영향, 방사성 방호 관점에서 보면 직업인과 대중으로 대별되며 모두가 관리 대상이다.

방사선 안전 취급에서의 역할을 다하려면 방사선 안전관리자만으로는 어렵다. 왜냐하면 안전 취급의 실제는 방사선원을 다루는 종사자에 의해 이루어지기 때문에 항상 방사선 작업 종사자의 협력을 얻을 수 있는 노력을 기울이지 않으면 안 된다. 방사선 안전 취급의 기본은 아무리 작은 선량의 피폭이라도 무엇인가 영향이 있다고 생각하는 인식이 필요하며, 방사선 영향에 따른 위험도를 합리적으로 관리할 수 있도록 방사선 방호 체계가 수립되어야 한다. 즉, 방사선 피폭 상황의 변화를 초래하는 모든 결정은 해로움보다 이로움이 커야 하며 피폭 상황에 규제 조치가 도입되어 초래하는 손해보다 이로 인해 개별적 및 사회적으로 충분한 이득을 달성할 것을 요구하는 것이 바로 정당성이다. 또한 최적화는 방사선 피폭의 발생 가능성, 피폭 지수, 피폭 선량은 경제적 · 사회적 인자를 고려해 합리적 최소(ALARA)를 유지하도록 하는 것이다.

4. 방사성동위원소 및 방사선 이용 현황

국내외 방사선 기술 이용 현황

한국은 1963년 방사성동위원소 사용을 국가가 인가한 이래 방사선 및 방사성동위원소 이용은 공학, 의학, 농학 등의 다양한 분야에서 널리 이용된다. 정부는 방사선 이용 기술의 중요성을 인식하고 선진국형 거점 기술의 확보를 추진하고 있다. 방사성동위원소 분야의 이용 진흥에 필요한 정책들을 마련해 4,000여 개의 방사선 이용 관련 기관의 발전 토대를 마련하고 있다. 다시 말해, 우리나라의 원자력 이용은 원자력 발전과 방사선 및 방사성동위원소를 이용하는 방사선 기술로 대별할 수 있다. 세계 원자력 기술과 대비할 때, 이 중 방사선 기술이 원자력 발전 기술에 비해 뒤진 것으로 평가되고 있어 정부는 방사선 이용 기술을 지원하기 위해 '방사선 및 방사성동위원소 이용진흥법'을 2002년에 제정했다.

미국과 일본 등 선진국의 방사선 이용 기술의 예를 들어본다. 1997년을 기준으로 미국, 일본의 방사선 이용 기술 경제 규모는 국민총생산 대비 1.4%와 1.2%에 해당하는 것으로 나타나 오히려 원자력 발전 산업을 앞지르고 있다. 특히 미국은 방사선 이용 기술이 원자력 발전 산업보다 3배나 큰 경제 규모를 가지고 있다. 방사선 이용 기술이 공업, 의료, 농업의 순으로 경제 규모가 큰 것으로 나타났다.

한편 우리나라는 2009년 말 현재 방사선 및 방사성동위원소와 관련된 종사자는 2만 2천 명에 달한다. 원자력 발전 산업에 종사하는 인력과 숫자는 비슷하다. 이 중 특히 방사선 및 방사성동위원소를 이용한 제조업이 약 2,000개 기관으로 매년 크게 증가하고 있다. 매출액을 비교하면 수입이 국내 생산을 크게 앞서고 있어 기술 자립의 필요성이 대두된다. 특히 방사성동위원소의 생산은 일부이고 거의 외국의 수입에 의존하고 있는 편이다. 방사선 발생 장치의 경우도 매출액의 82%를 수입에 의존하고 있다. 국내 방사선 발생 장치는 부가가치가 낮은 것이며, 선형 가속기, 가속이온 주입기, 감마 카메라, 양전자 단층촬영 기술(Positron Emission Tomography: PET) 등과 같은 부가가치가 높은 발생기는 수입에 의존하고 있어 국내 수요는 물론, 미래 수출산업으로 육성하는 일이 시급하다.

방사선의 의학적 이용

방사선의 의학적 이용은 세계적으로 1920년대에 태동해 제2차 세계대전을 계기로 눈부신 발전을 이루었다. 국내에서는 1950년대 후반부터 이 분야를 이용하기 시작했다. 1960년 국제원자력기구(IAEA)의 지원을 받아 서울대학교 등 국내 여러 대학교에 방사성동위원소 진료실을 개설했다. 1962년에는 한국원자력연구소의 트리가 마크 II 연구로가 가동되어 일부 동위원소를 생산하기 시작함으로써 핵의학 발전의 기폭제가 되었으며, 방사선의학연구소가 설립되어 핵의학 보급에 선도적 역할을 하게 되었다.

1984년에는 아시아 대양주 핵의학회를 국내에서 개최해 한국의 핵의학 기술의 새로운 기초를 다져나갔다. 1993년에는 핵의학과가 새로운 진료 과목으로 인정되었고, 1995년에는 핵의학 전문의 제도가 신설되었으며, PET 시스템이 국내에 처음으로 도입되어 진료와 연구에서 국제적 수준으로 도약한 계기가 되었다. 2000년대에 들어서 동위원소를 이용한 임상 이용이 증대되고 학술 활동이 국내외적으로 활발했다. 2006년, 세계핵의학회가 '균형적인 발전과 미래 도약'이라는 슬로건 아래 3,500여 명

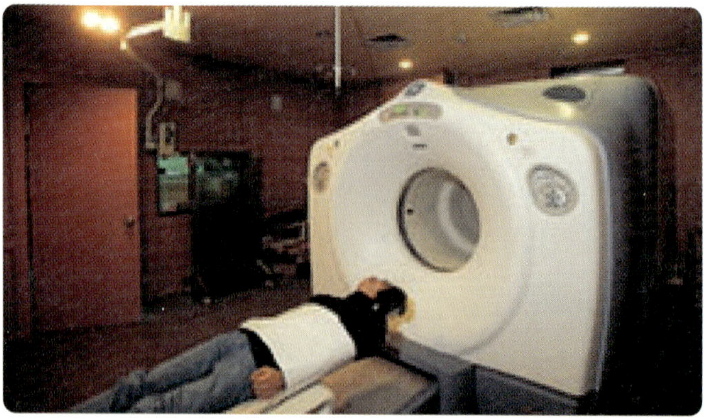

PET-CT 암 진단 장비

의 국내외 핵의학 전문의가 참가한 가운데 서울에서 개최되었는데, 이는 국제사회에서 한국의 위상을 입증해 주는 것이라 할 수 있다.

1980년대 감마 카메라 등 새로운 핵의학 장비의 도입과 함께 사이클로트론의 설치, 테크네튬 장치의 설치 이용(혈류의 흐름 진단) 등으로 방사선의 핵의학 이용은 한층 발전기에 접어들었다. PET는 5mm 이하의 미세 암까지 진단할 수 있는 의료 장비인데, 특히 2003년에는 차세대 진단 장비로 떠오른 PET-CT(양전자 방출촬영기와 컴퓨터 단층촬영기의 복합검사 장비)를 도입, 우리나라 조기 암 진단 시대를 선도하고 있다. 암 정밀 진단에서는 기존의 컴퓨터 단층촬영기기(CT) 또는 자기공명 영상기기(MRI)보다도 성능이 월등하다.

방사선 의학은 방사선 치료 분야와 핵의학 분야로 대별되는데, 방사선 치료 분야는 약 80여 개 의과대학 부속병원에 방사선종양학과가 개설되어 있고, 100여 명의 의학물리사가 있다. 특히 1990년대의 3차원 방사선 치료 기술이 도입되면서 의학물리사의 수요가 증가했다. 그리고 2000년대에 들어 세기변조 방사선치료기(IMRT), 유도 방사선치료 장비(IGRT)가 도입되면서 더욱 활기를 띠고 있다. 핵의학 분야는 방사선 관련 연구가 많다. 감마선을 측정하여 영상화하는 감마 카메라, PET에 관련된 연구가 지속되고 있다. 방사선 의학 분야의 눈부신 발전은 X선을 이용한 데서부터 CT 등 촬영 기술이 보편화되었다. 일반 X선 촬영은 몸 속의 뼈를 주로 보여주지만 CT 촬영에는 온몸의 장기를 구석구석까지 자세히 살펴볼 수 있어 1cm보다 작은 이상도 찾을 수 있다. 최근의 CT 기술은 예전에는 상상도 할 수 없는 선명한 영상을 제공한다. 한 예로 몸 속 영상을 3차원적으로 재구성하여 의사가 혈관이나 뼈를 입체적으로 한눈에 파악, 좀 더 정밀한 진단을 할 수 있다.

방사성동위원소를 이용한 진단 분야는 방사면역측정법과 같은 방법으로 혈액을 분석하는 체외검사와 방사성 의약품을 직접 인체에 주사하여 그 분포를 계측해 질병을 진단할 수 있다. CT 촬영 등과 차이점은 인체의 기능을 생체에서 영상화할 수 있다는 것이다. 최근에는 방사성 의약품을 이용한 치료법들이 개발되고 있다. 대표적인 것이 면역 치료인데 이 치료는 질병의 특정 항원을 표적하는 항체에 치료용 방사성동위원소를 표지(tracer)해 체내에 주사함으로써 질병 부위를 선택적으로 치료하는 방법이다. 기존의 항암 · 약물 치료가 전신을 치료할 수 있지만 정상조직과 암세포 조직을 구분하지 않고 모두 손상한다는 단점이 있고, 국소 방사선 치료는 방사선을 국소 부위에만 사용할 수밖에 없다.

방사선의 공업적 이용

방사선의 공업적 이용 분야는 산업적 이용 분야, 공업 환경적 이용 분야, 그리고 비파괴 기술 이용 분야로 대별할 수 있다.

초기 방사선 가공 기술은 주로 감마선이 사용되었지만 최근에는 전자선, 이온 빔의 이용으로 확대되고 있다. 전 세계적으로 가교 반응을 이용하는 가교 전선, 자동차용 래디얼 타이어, 플라스틱 단열재, 열 수축성 튜브, 고분자 퓨즈 등의 제조에 광범위하게 이용된다. 이 밖에도 의료용 재료로서 인공관절, 장기 유착 방지막, 생리대, 생체조직 배양용의 제조에도 이용되어 연구가 활발히 진행되고 있다. 방사선 가공 기술에 사용되는 주요 시설은 감마선 시설과 전자선가속기 시설을 들 수 있다. 감마선 시설은 의료품 및 식품의 멸균, 고분자 제품의 가교, 보석 착색 등 세계적으로 광범위하게 이용된다.

공업 환경적 이용에는 우선 방사선 가공을 들 수 있다. 1975년에 국제 UNDP자금으로 한국원자력연구소에 전자가속기 1기가 설치되어 이를 이용하거나 코발트 조사장치를 이용하여 방사선 중합에 관한 연구와 함께 목재 플라스틱 복합체, 전선 피복, 염료 경화, 섬유 개질 등 여러 가지 기술에 대한 연구가 수행되었다. 가교 전선은 고온에서도 견디기 때문에 발전소, 항공기, 자동차, 전자제품의 배선용으로 사용된다. 한국에서도 이 기술이 개발되었다.

또 다른 공업 환경적 이용에는 방사성 추적자 기술을 들 수 있다. 추적자 기술은 미량의 방사성물질을 사용, 작은 공간에서 물질의 거동을 추적하는 기법으로 다방면에서 이용되고 있다. 엔진 피스톤 링의 마모 측정, 재료의 부식도 측정이 하나의 예이며, 사람이나 동식물의 대사의 거동을 추적할 수도 있다. 생명과학에서는 유전자의 염기서열 분석에도 이용된다. 우리나라는 1970년대부터 추적자 기술을 개발해 실험실에서는 물론 산업체에 이를 다양하게 이용하고 있는데, 저수지 누수 탐사와 석유화학 연료 혼합도 측정을 비롯해 자동차, 환경산업 등에 이용된다.

다음은 비파괴 검사에 방사선 기술을 이용한다. 비파괴 검사는 말 그대로 제품을 파괴하지 않고 건전성을 확인하기 위한 검사를 말한다. 현

방사선 응용 계측기를 이용한 화물영상 검색기

재의 산업사회에서 적용되는 검사 기법은 다양하며 그 중 가장 폭넓게 이용되는 방법이 방사성동위원소 또는 방사선 발생 장치를 이용하는 방사선 투과 검사이다. 이 밖에 초음파 탐상검사(UT), 자분 탐상검사(MT), 침투 탐상검사(PT), 와류 탐상검사(ET) 등이 있다.

국제적으로 사용되는 비파괴 방법은 지속적으로 발전하고 있는데 방사선, 초음파, 전자기 등을 이용해 구조물의 성질과 내부 조직을 변화시키거나 파괴하지 않고 모든 산업제품의 미세한 결함들을 찾아내어 정밀성, 안전성, 신뢰성을 확보하도록 한다. 그리고 비파괴 기술을 이용하면 사전에 부실 공사를 방지할 수 있고, 유지 관리에 적용할 경우 대형 사고를 사전에 차단할 수 있다. 석유화학 설비, 상하수도관의 누수, 원자력발전소의 안전성을 확인하기 위해 기자재의 제조뿐 아니라 발전소의 가동 전, 가동 중 검사에도 이 기술을 이용한다.

비파괴 검사로 얇은 철판 생산

비파괴 검사의 일례로 냉각압연기에 들어간 스테인리스 원재(原材)를 원하는 두께로 만들기가 쉽지 않다. 원하는 두께가 얇을수록 정밀한 반복 공정이 필요하다. 방사선동위원소를 이용하면 장착한 방사선 스캐너는 공정 통과 전의 두께와 통과 후의 두께를 정확하게 측정해 공정을 제어하도록 한다. 방사선의 도움 없이는 분당 600m 속도로 통과하는 얇은 철판을 생산하기란 불가능하다.

방사선의 농업적 이용

방사선 및 방사성동위원소를 이용한 농학 관련 연구가 1959년 방사선 조사를 이용한 종자 개량 연구와 방사성동위원소인 인(P-32)을 이용한 토양 비료 연구를 지원한 것이 계기가 되었다. 1960년에는 P-32, X선, 감마선 등을 이용한 종자 개량 연구가 시작되었으며, 1966년에는 원자력청 산하에 방사선농학연구소가 발족되어 유전육종학, 생리영양학, 식품공학 등 연구가 조직 구성과 함께 추진되었다. 시험농장도 마련되어 쌀, 보

방사선을 이용한 신품종 개발 및 유전은행 운영

리, 콩 등 주곡의 돌연변이 유기 연구를 중점적으로 수행했다.

식품조사에 대한 연구로 감자 및 양파의 발아 억제, 인삼 제품의 저장에 따른 살충과 살균 효과, 베이컨과 햄, 육류의 살균, 건조 및 과실의 살충과 숙도 지연, 옥수수 전분 추출 공정 개발 등 많은 연구가 이때 이루어졌다. 또한 방사성동위원소에 의한 추적자 활용, 저수지 누수 탐사, 곤충의 웅성 불임 기술 개발 등에도 괄목할 만한 성과를 남겼다. 국제적으로 IAEA와 UNDP 사업에도 참여해 돌연변이를 이용한 육종 연구, 비료와 농약의 이행 추적, 양분 흡수 이동과 뿌리의 활력 측정, 농약의 잔류 독성 조사 등을 수행했다.

제 7 장 방사성 폐기물 관리

1. 방사성 폐기물 현황

방사성 폐기물이란?

방사성 폐기물이란 방사성물질 또는 그에 의해 오염된 물질로 폐기 대상이 되는 물질을 말한다. 우리나라의 원자력법에 의하면 원전에서 사용된 핵연료인 사용후 핵연료도 방사성 폐기물로 분류된다. 기술적으로 표현하면 방사성 핵종의 농도가 규정치 이상 포함되어 있거나 방사성 핵종에 오염된 물질로서 재사용하지 않고 폐기하는 것을 방사성 폐기물이라 한다. 사용후 핵연료의 경우는 자체 잔존 가치가 있어 재활용할 수도 있고 바로 직접 처분하는 두 가지 경우가 있지만 최종 처분 형태를 방사성 폐기물이라 분류한다.

다시 말하면, 우리의 생활에 필요한 전력을 생산하거나 의료용 등 산업체에서 사용하는 과정에서 방사성 핵종과 연관되어 발생하는 모든 방사성 폐기물, 즉 작업복, 장갑, 기기 교체 부품, 병원, 연구기관 및 산업체

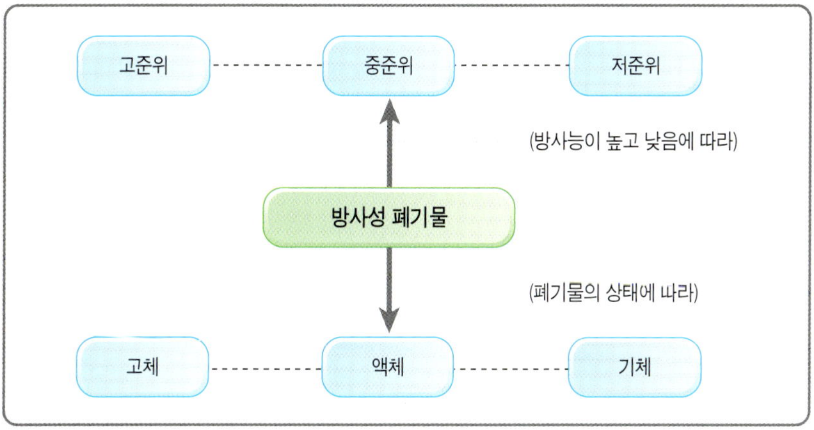

[그림 7-1] **방사성 폐기물의 구분**

에서 발생한 방사성 폐기물과 사용한 우라늄 등 사용후 핵연료를 총칭해 방사성 폐기물이라 한다. 방사성 폐기물은 상태와 종류에 따라 분류할 수도 있지만 방사능이 높고 낮음에 따라 고준위 및 중 · 저준위 폐기물로 분류할 수 있다.

방사성 폐기물의 규정치 농도는 앞서 언급된 권위 있는 ICRP의 권고 사항을 기준으로 하여 각국의 규제기관이 규정하는 방사성 핵종의 농도이다. 우리가 살고 있는 자연환경에도 미량이지만 방사성물질이 널리 존재하며 우리는 그들과 함께 생활하고 있음을 앞서 언급했다. 어떻든 방사성 폐기물의 관리를 규제 농도 이하에서 관리하도록 해야 하는데, 이렇게 방사성 폐기물을 적절하게 취급하고 처분하는 행위를 방사성 폐기물 관리라 한다.

방사성 폐기물의 종류 및 처리 방식

방사성 폐기물은 핵종의 방사능 세기에 따라 중 · 저준위 방사성 폐기물과 고준위 폐기물로 구분한다. 중 · 저준위 방사성 폐기물은 방사성동위원소를 사용하는 병원, 연구기관, 산업체 등에서 발생한 것과 원전에서 발전소 내 방사선 구역에서 작업자들이 사용했던 작업복, 장갑, 공구 및 필터, 기기 교체 부품 등으로 방사능 수치가 낮은 폐기물이다. 고준위 방사성 폐기물은 원전에서 전력을 생산하고 난 사용후 핵연료와 사용후 핵연료를 재활용하기 위해 재처리하는 과정에서 발생하는 방사능 수치가 높은 폐기물을 말한다.

그리고 방사성 폐기물의 처분 방식에 따라 기체, 액체 및 고체로 구분할 수 있다. 사용후 핵연료와 관련된 것 이외에는 중 · 저준위 방사성 폐기물이지만 안전한 관리를 위해 처분에 앞서 형태에 따라 알맞게 처분한다. 기체 폐기물은 1차 냉각수의 방사선 분해로 발생한 산소 및 수소, 연료의 핀에서 생길 수 있는 불활성 가스 등이 그 대상이며, 액체 폐기물은 원전의 1차 계통에서만 발생한다. 중성자 흡수재인 붕소와 물 관리를 위해 일부 첨

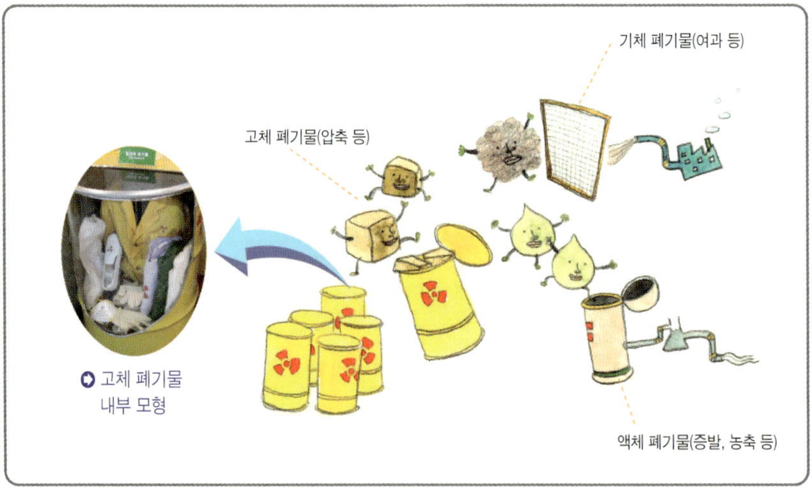

[그림 7-2] **중 · 저준위 방사성 폐기물 종류 및 처분**

가하는 리튬이 주로 대상이다. 또한 고체 폐기물은 운전 보수 및 정기검사에서 발생하는 각종 노후 기기 부품의 교체 등 다양한 고체 폐기물이 대상이다. 고체 폐기물은 압축 및 소각 등으로 부피를 줄여 처리한다. 기체는 여과기를 이용해 충분히 법적 농도 이하일 경우 외부로 방출하며 액체 폐기물은 농축폐액으로 처리해 처분한다.

우리나라의 방사성 폐기물 발생 현황

방사성 폐기물의 발생은 양으로 보면, 원자력 발전의 운전에 따라 대부분 발생하게 되고, 그 외 원자력 시설이나 방사성동위원소를 이용함으로써 연구소, 대학교, 의료기관 등에서도 폐기물을 발생시킨다. 현재 원자력발전소에서 발생한 방사성 폐기물은 경주의 폐기물 영구처분장이 완공되지 않아 발전소별로 보관 중에 있다. 병원 등에서 발생하는 동위원소 폐기물은 방사성폐기물관리공단에서 일단 종합 수거해 보관하고 있다. 발표에 의하면, 발생된 폐기물은 임시보관소에서 영구처분장으로 2014년부터는 옮길 수 있다고 한다. 이는 경주폐기물처분장이 당초 계획보다 약 2년 정도 지연되고 있는 상태에 따른 것이다.

발생한 방사성 폐기물의 양을 원전 부지별로 보면 2012년 8월 누적 발생한 폐기물의 양은 90,420드럼이다. 각 부지별로 보면 고리원전 41,045드럼, 영광원전 21,726드럼, 울진원전 16,243드럼, 그리고 월성원전 11,135드럼이다.

이와는 별도로 방사성동위원소를 이용함에 따라 발생하는 동위원소 폐기물이 있다. 이 폐기물 역시 발생자 부담 원칙에 따라 비용이 계산되는데 지식경제부 장관의 고시로 가격을 공시한다. 발생된 동위원소 폐기물은 동위원소협회 등 대행기관을 거쳐 방사성폐기물관리공단에서 수거

운반하게 된다. 아직까지 최종 처분장이 완성되지 않아 현재 한국원자력 연구원의 저장고를 관리공단이 임대 사용해 수거 저장하고 있는 상태이다. 방사성동위원소 폐기물 발생량은 총 5,051드럼이며, 이 중 가연성 폐기물이 4,348드럼이다. 이 밖에도 비압축성, 비가연성, 폐액 및 폐필터가 있다.

또 다른 폐기물은 주로 비파괴에 사용하는 선원(線源, radiation source) 폐기물이 있다. 대부분이 상자의 형태로 보관하고 있다. 납으로 차폐된 포장용기에 넣어져 있는 밀봉 선원은 방사능 세기에 비례하여 차폐체의 규격이 결정된다. 밀봉 선원 폐기물은 포장용기 크기에 따라 대형 선원, 중형 선원, 소형 선원으로 구분해 관리하고 있다. 밀봉 선원은 구매가격이 비싸 반감기에 의한 방사능이 떨어져 구입한 곳에서는 이용할 수 없는 폐기물이지만 다른 업체에서는 사용할 수 있는 것이 있다. 이러한 재활용은 외화를 절약할 수 있고 방사능 세기를 시간에 따라 감소시킬 수 있어 재활용 방안을 적극적으로 추진할 필요가 있다. 이에 따라 방사성폐기물관리공단은 2004년 불용 선원 재활용 업무지침을 교육과학기술부 장관의 명의로 수립한 바 있다. 이러한 밀봉 선원은 별도 관리 하에 최종 처분장에 이송 처분된다.

2. 방사성 폐기물 처리 기술

방사성 폐기물 처리

방사성 폐기물 처리의 기본 개념은 환경에 대한 방사능의 영향을 가능한 한 줄이는 것이다. 방사성 폐기물 처리 기술의 기본은 분리와 농축이며 분리해 농도가 극히 희석되면 방출하고 농축된 것은 효율적인 방안에 따라 보관관리를 위해 감용(減容) 고화(固化)한다. 실제의 방사성 폐기물의 방사능 준위 또는 물리적·화학적 상태 및 함유하고 있는 방사성 핵종의 종류에 따라 최적 방법이 이용된다. 대체적인 처리 절차는 방사성 폐기물 발생원을 분리, 일시 저장 후 처리한다. 처리하여 재사용하든지 또는 방출하든지를 결정하고 만일 재사용하지 않으면 보관 후 처분하는 절차이다.

기체 폐기물 처리

원전 종사자 및 시설 주변에 거주하는 주민의 안전성 측면에서 원자력 시설로부터 방사성 폐기물을 공기 중으로 누출하거나 환경으로 배출하는 양에 대해서는 법적 규제를 따르는 것은 물론 그 양을 가능한 한 감소시키지 않으면 안 된다. 이것이 ICRP에서 권고하는 ALARA(방사선 방호의 최적화, 또는 합리적 최소)의 기본 정신이다. 공기 중의 먼지에 방사성물질이 부착된 것은 필터 등의 방법으로 여과하여 방출하고 방사성 기체(방사성 요오드 및 불활성 가스 등)는 냉각에 의해 응축, 용매에 의한 흡수, 흡착제에 의한 방법이 사용된다. 원전 및 연구시설에서 발생하는 요오드를 환기 계통으로 포집 배출하기 위해서는 흡착제인 첨가제가 포함된 활성탄 여과법을 사용한다. 다량의 활성탄이 들어 있는 여과탑에 기체 폐기물을 통과시킴으로써 방사성 핵종을 활성탄에 물리적으로 흡착시켜 통과 시간을 지연시켜 방사능을 붕괴시키는 방법인데 국내 원전의 여러 곳에서 이 방법을 사용한다.

기체 방사성 폐기물 배출은 다음 두 가지 방법으로 규제를 받는다. 첫째, 원전 외부의 공기 중 방사성물질 농도가 교육과학기술부 고시에 규정된 공기 중 방사성물질 최대 허용 농도를 초과하지 않도록 배출을 제한하며, 둘째, 원전 인근 주민의 연간 예상 피폭 선량 기준치를 넘지 않도록 배출을 제한해야 한다. 국내 원전의 운전에서는 언제나 이 규준을 크게 밑돌고 있다.

액체 폐기물 처리

일반적으로 액체 방사성 폐기물은 원자로 냉각수나 방사성물질이 함유된 각종 기기들의 누설수이며 이들에 의해 오염된 작업복 등을 세탁하는 과정에서 발생한다. 폐액을 처리하는 방안은 여러 가지가 있지만 액체의 성질과 방사능 농도 등에 따라 달라진다. 처리 효과를 나타내는 척도는 방사능의 제염 수치를 사용한다. 여러 가지 방법으로는 폐액을 증발기로 보내 가열해 증발 농축하는 폐액의 증발 처리, 방사성 폐액에 각종의 화학약품을 넣어 침전시키고 침전된 가운데 흡착이나 흡수에 의해 방사성 핵종을 회수하는 식의 응집 침전 처리, 용액 중에 용해되어 있는 이온 상태의 물질을 제거하기 위해 이온을 교환시키는 성질을 갖고 있는 물질과 접촉해 제거하고자 하는 이온을 포집하는 이온 교환 처리, 분말 상태의 이온 교환 수지를 여과층을 이용해 여기에 폐액을 통과시켜 여과와 이온 교환을 동시에 행하게 하는 여과 탈염 처리, 그리고 역삼투법 등 원자력 시설에 급격히 진보하고 있는 막 분리 기술을 이용하는 기계적 여과 처리 등 여러 방법이 있다.

작업자가 입었던 작업복을 세탁한 물과 작업자가 샤워한 물에는 미량의 방사성물질과 비누 성분이 포함되어 있어 세탁 배수 저장 탱크에 따로 수집했다가 방사능 농도를 측정해 배출 및 처리 여부를 결정한다. 모든 유출물은 배출 전에 방사능 농도를 측정해 배출 여부를 결정하고 배출 중이라도 배출 기준치 이상이 되면 자동적으로 배출을 중단시킬 수 있도록 방사능 연속 감시기를 거쳐 최종적으로 배출된다.

농축물의 고화 처리

농축된 방사성 폐액이나 물이 머금은 슬러지 등의 폐액을 저장, 보관하는 데 용이하고 수송 처분에 적합한 고화체는 안정화가 필수적이다. 이를 위해서는 액체 상태가 없어야 하고, 취급 및 수송 시에 충격에 대한 내구력이 있어야 하며, 고화체로부터 물질의 침출이 적어야 하고, 온도 · 습도의 변화에 안정적이어야 하며, 용기 부식이 일어나지 않아야 하는 등 조건을 갖추어야 한다. 이러한 방법으로 제기될 수 있는 방안은 시멘트 고화, 아스팔트 고화, 플라스틱 고화, 조립 고화 등이 있다. 시멘트 고화는 고화 재료의 구입이 용이하고 가격도 저렴하며 충분한 강도와 장기 안전성을 갖고 있다. 특히 물과의 수화(水化) 반응에서 경화하고 고화

중 · 저준위 방사성 폐기물 임시 저장(고리원전)

대상 폐기물에 따라서는 고형화가 느리게 진행될 수 있다. 영구 저장을 위해 200리터 드럼 내에 직접 고화시키는 방안이다. 가열 아스팔트와 함수 폐기물을 혼합하는 아스팔트 고화법은 감용성이 우수하며 유럽에서 개발되어 실용화되어 원자력의 고화법에 많이 사용되고 있다. 약 150℃의 온도에서 가열된 아스팔트와 함수 폐기물을 증발 장치 내에 혼합하면 수분이 증발해 폐액 중의 고형분을 아스팔트와 균일하게 혼합하고 냉각시켜 고화체를 만드는 방법이다.

드럼에 포장 처리된 고체 폐기물은 원전 내 폐기물 임시저장고에 운송되어 보관한다. 건조 설비와 초고압 압축 설비를 운영해 부피를 최소화시키는 일이 가장 중요하다. 고리, 영광, 울진 원전의 폐수지는 종전의 중력에 의한 자연 탈수 방식에서 완전 건조 후 300년간 구조적 안전성을 유지하는 고건전성 용기에 포장해 보관하고 있으며, 경주폐기물관리공단으로 이송되어 최종 처분된다.

3. 중 · 저준위 방사성 폐기물 관리 및 처분

방사성 폐기물 관리사업 추진 경위

우리나라 최초의 원전인 고리원전 1호기가 건설된 1978년 이후 원전의 증설과 함께 필연적으로 발생하는 방사성 폐기물을 영구적으로 처리 처분하기 위한 부지 확보가 시급한 과제로 부각되었다. 따라서 1986년도에 시작된 방사성 폐기물 부지 확보 노력은 사실 늦은 감이 있었다. 왜냐하면 원전의 건설과 함께 방사성 폐기물 관리 부지가 마련되는 것이 바른 길이기 때문이다.

방사성 폐기물은 일반 쓰레기나 산업 폐기물과는 물성이 다르기 때문에 국가의 책임 하에 장기간에 걸쳐 안전관리를 통해 국민의 신뢰성 확보가 필요하고, 특히 안전관리에 관한 국제 규범을 준수하고 생태적 · 환경적으로 안전하게 관리해 국민 건강과 환경에 위해(危害)가 없도록 사전에 방지해야 하는 시설이다. 방사성 폐기물 관리에 소요되는 비용은 철저하게 발생자가 부담하도록 하여 다음 세대로 전가해서는 안 되며 발생량을 최소화해야 한다. 아울러 대(對)국민 이해 증진과 주민 수용성을 제고해야 하며, 이를 위해서는 투명하고 공개적으로 사업을 추진해야 한다. 이 시설이 설치되는 지역과는 지역사회와의 조화와 지역 발전에 기여하도록 해야 한다. 이를 위해 적절한 법적 뒷받침이 또한 필요하다.

추진 노력은 19년간의 실패를 거듭하면서 한국의 원자력사업 발전에 큰 장애 요인이 되었는데, 대표적인 사례는 안면도 및 부안 사태가 대표적인 주민과의 충돌사건이었다. 이 중에서 안면도 사태의 예를 들어보자. 1990년에 시작된 안면도 부지의 경우, 중 · 저준위 방사성 폐기물과 사용후 핵연료를 동일 부지에 위치하도록 바다와 연한 임해 부지 또는 도서를 찾는 중에 안면도가 부지 대상에 포함된 것이다. 방사성 폐기물 부지는 물론 이곳에 제2원자력연구소를 설립하는 내용의 안건을 원자력의 최고 의결기구인 원자력위원회에서 의결했다. 이러한 내용이 언론에 보도되면서 극심한 주민 반대 활동이 일어났고, 극기야 소요 사태가 발생하게 되었다. 결국 정부는 이듬해인 1991년 본래의 계획을 공식적으로 철회하게 되었다.

또 다른 사건은 굴업도의 방사성 폐기물 관리 부지의 고시와 추진 중에 일어난 활성단층 발견이다. 굴업도 인근에 발견된 활성단층은 기술기준 적용에 어려움을 주어 결국 고시를 철회하게 된 사건이다. 굴업도 선정 배경은 당초 전문기관(서울대)의 용역 결과인 임해지역 6개 지역,

도서지역 3개 지역 중 한 곳이었고, 1994년 말 이곳을 최종 대상 지역으로 선정했다. 그러나 한국지질연구소의 부지 특성 조사 과정에서 이곳에 활성단층이 존재한다는 결과가 나옴으로써 부지로 적절하지 않다는 것이 판명되어 고시를 철회한 사건이다. 이로써 부지 확보 노력은 다시 원점으로 되돌아가게 되었다. 결과적으로 굴업도의 선정 배경은 기술적인 배경이 부족했던 것이 그 원인으로 평가되었다. 기본적으로 이곳을 방사성 폐기물 처분장으로 결정, 고시하려면 적어도 몇 곳에 대한 정밀조사는 했어야 했지만 이를 생략하고 외부 전문가의 개략적인 보고만으로 결정하려 했던 것이다.

결국 굴업도 고시 철회는 국민에 대한 정부의 신뢰를 잃게 한 결과를 초래했고, 방사성 폐기물 부지를 확보하려는 데 더 한층 어려움을 준 결과를 낳았다.

굴업도 방사성 폐기물 부지 선정에 반대하는 주민들

이렇게 계속적인 노력에도 부지 확보 노력이 실패로 돌아가자, 김영삼 정부는 사업 추진 기관을 한국원자력연구소에서 한국전력으로 바꾸도록 결정해 소속된 직원이 모두 한전으로 이적하는 어려움을 겪기도 했다. 한전으로 옮긴 추진 체제는 원전사업에 소극적이던 김대중 정부 동안은 이렇다 할 결과를 얻지 못했다. 여기에 당시 한전의 경영자는 '국민의 정부를 시끄럽게 해서는 안 된다'는 무책임하고 정치적인 사고방식으로 아무런 성과를 얻지 못한 결과에 한몫을 하기도 했다. 그나마 노무현 정권에 넘어와 새로운 시도를 시작했는데 바로 그동안 동일 부지에 중 · 저준위 방사성 폐기물 관리 부지와 사용후 핵연료 중간 저장시설을 설치하겠다는 원안 내용을 분리, 중 · 저준위 방사성 폐기물사업만 우선 추진하는 내용을 확정하고 이를 추진했다. 2004년 우선 중 · 저준위 방사성 폐기물 관리 부지의 확보를 추진하기로 하고 부지 유치 공모를 추진했던 것이다.

한편 사용후 핵연료 중간 저장시설은 별도로 추진한다고 결정했지만 노무현 정권 때는 물론이고 정부가 이명박 정부로 이관되었지만 현재까지 아무런 정부의 정책이 확정된 것이 없다. 앞으로 사용후 핵연료의 정부 정책이 조속히 정해지지 않고 발전소마다 사용후 핵연료가 저장시설을 초과하게 될 때 실질적인 어려움을 겪게 될 수도 있으며, 이는 원전의 확장 계획에 장애 요인이 될 것이다.

중 · 저준위 방사성 폐기물 관리 부지 확보는 유치 공모를 추진하기로 확정하고 특별법을 2005년 3월 제정해 사업 유치를 지자체를 중심으로 공모했다. 시설 규모는 80만 드럼(200리터 기준) 동굴 처분 방식을 근거로 유치 공모를 추진한 결과 경주 · 군산 등 대상 지자체의 자체 투표를 통해 2005년 말 경주가 중 · 저준위 방사성 폐기물 관리 부지로 최종 확정되었다. 즉, 유치 공고, 유치 신청, 주민투표 실시 요구, 주민투표 발의, 주민투표 실시, 투표 결과에 따른 절차에 따라, 최종 후보지 선정 절차가

방사성 폐기물 관리시설 유치 성공을 환영하는 경주 시민들

이행된 것이다. 경쟁 지역인 군산을 물리친 경주에 건설 중인 중 · 저준위 방사성 폐기물 관리 부지는 1차 10만 드럼 사업에 총 1조 5천 억이 투입되어 추진되고 있으며, 당초 2012년 완공 목표였으나 건설 기간이 연장되어 2014년으로 수정 추진 중이다.

중 · 저준위 방사성 폐기물 관리시설 설계 개요 및 설계 기준

부지 특성 및 최신 인허가 요건을 반영해 방사성 폐기물의 영향으로부터 인간과 환경을 보호하고 각 시설의 수명 기간 동안 안전성이 보증될 수 있어야 하며, 중 · 저준위 방사성 폐기물 80만 드럼(200리터 기준) 규모에 1단계 10만 드럼을 시작으로 단계적으로 건설하기로 하여 기본 및 상세 설계에 이를 반영했다. 또한 시설 운영 중에 유리화 등 특성이 다른 폐기물이 발생할 경우 별도의 설계 개념이 적용 가능하도록 처분시설을 증설하는 것으로 결정했다. 이 설계는 유사 동굴 시설을 가진 외국의 사례를 참조하여 결정했다.

설계 기준은 2005년 말 기준 유효한 국내외의 법규, 규제 지침, 공업 규격 및 표준을 적용하되 공업 규격 및 표준은 국내 기술 기준으로 개발된 전력산업 기술 기준(KEPIC2000)을 우선 적용하는 원칙을 수립했다. 또한 2005년 말 이후의 법규, 규제 지침 등이 좀 더 우수한 설계로서 경제성이 우수하고 국내외의 인허가 요건에 합치할 경우 그 내용을 적용하도록 했다.

중 · 저준위 방사성 폐기물 관리사업 추진 현황

최종 후보지가 선정되자 정부를 대리해 사업을 추진할 수 있는 별도의 조직이 필요해 방사성폐기물관리공단을 발족했다. 그동안 공기업인 한국수력원자력(주)에서 최종 처분장 부지의 유치 공모 등을 포함해 장기적인 관점에서 사업계획을 수립하는 등 이 사업을 추진해 왔지만 안전성을 더욱 공고히 하기 위해 방사성 폐기물을 발생하는 사업자가 이 사업을 수행하는 것보다는 정부가 관심을 가지고 독립적인 정부 주관 조직을 설치하는 것이 타당하다고 판단해 조직화한 것이다. 바로 2009년 1월에

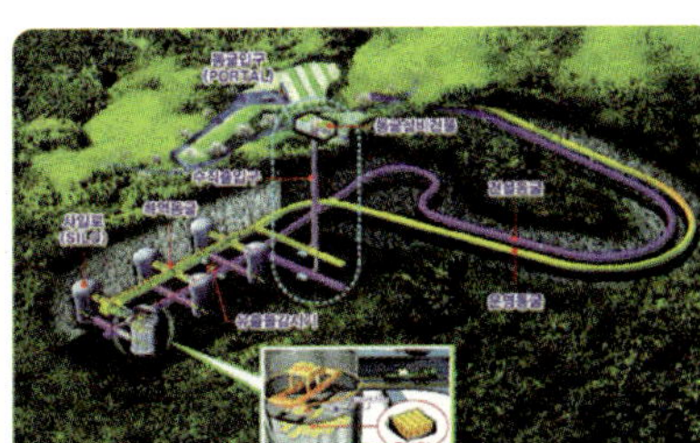

방사성 폐기물 관리시설 조감도(지상 및 지하)

사일로 설치 작업과 진입로 건설 현장

정부가 직접 발족한 방사성폐기물관리공단 조직이다.

관리공단 발족과 병행하여 경주의 방사성 폐기물 관리시설의 명칭을 다양하게 공모한 결과 월성원자력환경관리센터로 명명하고 본격적인 사업 착수에 돌입했다. 바로 2008년 7월 정부로부터 중 · 저준위 방사성 폐기물 처분장 처분시설의 건설 및 운영 허가를 취득한 것이다. 또한 방사성 폐기물 처분장 전용 운송 선박인 2,600톤의 청정 누리호 진수식이 있었다. 사업의 원활한 추진을 위해 건설 사업은 그동안 추진하던 한수원이 공단의 위탁을 받아 한동안 수행하는 것으로 했다. 현재는 공단이 체계화되면서 자연스럽게 관리공단이 진행되고 있는 건설 업무를 스스로 수행하고 있다.

그러나 인허가 승인 지연, 기자재 조달 일정의 변경, 지하 동굴 암반 상태의 현안 등 공기 지연의 원인이 제기되어 불가피하게 세 차례에 걸쳐 목표 공정을 연장할 수밖에 없었다. 당초 완공 목표였던 2012년에서 최종적으로 2014년으로 약 2년의 공기 지연이 초래된 것이다. 지상에 위치한 주요 시설을 보면, 인수시설, 방사성 폐기물 건물, 지원 건물 등 9개 건물이 정방형으로 배치되도록 되어 있고, 총 연면적은 약 16,000㎡이다.

방사성 폐기물 처분장의 핵심 시설은 사진에서 보듯이 지하 80~ 130m에 위치한 사일로 시설로 불리는 높이 50m, 상부 직경 27.3m, 하부 직

중 · 저준위 방사성 폐기물 전용 선박인 청정 누리호

경 23.6m의 처분 동굴과 진입 동굴, 운영 동굴과 건설 동굴이 있고, 운전 보수의 장비 진입 목적의 원통형 수직 출입구(높이 207m)가 있다. 건설 동굴은 총연장 1,950m이며 운영 동굴은 1,415m이다. 2007년에 착공한 터널 공사를 시작해 목표 일정을 달성하기 위해 노력했으나 공사 중 암반 상태가 양호하지 못한 부분이 있어 보강 공사를 함으로써 목표 일정이 다소 지연되었다.

관리공단은 방사성 폐기물을 전문적으로 운반하는 선박을 제작했다. 2,600톤의 청정 누리호이다. 이 선박은 한반도 인근에 특수한 환경에서 발생할 수 있는 격랑에 충분히 견딜 수 있도록 이중 선체로 설계, 제작되었다. 전장 77.8m, 선폭 15.8m, 깊이 7.3m의 구조와 1,300마력 2대의 디젤 엔진의 추진력으로 12노트로 운행할 수 있고 운반용기 1,520드럼 약 950톤의 화물을 적재할 수 있다.

처분시설 운영 및 지역 지원사업

방사성 폐기물 처분시설 역시 원전과 마찬가지로 건설 공사에 이어 시운전 단계를 거친다. 그 과정은 엄격한 절차에 따라 각종 시험을 실시하고 소정의 기술적 요건이 충족되어야 운영에 돌입할 수 있다. 이러한 과정은 규제 절차에 따라 규제기관의 승인 또는 보고 하에 이루어지고 있다. 그동안 방사성 폐기물 처분장의 물리적 방호계획과 방사선 비상계획 및 수행 절차의 승인을 획득했고, 운송 선박 · 용기의 안전성 분석보고서를 첨부해 운송 선박의 사용 승인을 획득한 바 있다. 이러한 규제 절차를 충실히 이행하면서 처분시설 운영에 대비하고 있어 공기 지연에 따라 2014년부터는 방사성 폐기물을 인수해 처분하는 본격적인 일을 수행하게 될 것이다.

방사성 폐기물 처분시설을 유치하는 지자체에는 지역지원금을 지원하도록 법제화되어 있다. 3,000억 원의 막대한 지역지원금과 함께 지역 건설 공사를 추진함에 따른 고용 창출 효과는 충분히 지역 경기를 활성화할 수 있다. 지난 2009년 이후 건설 인력으로 투입된 27만 명 중 약 30%가 지역인 경주 주민이며, 각종 용역, 기자재 구매 등에서 65%가 지역 업체를 통해 이루어지고 있다.

방사성 폐기물 관리사업의 향후 전망

앞서 언급했지만 방사성 폐기물은 일반 쓰레기나 산업 폐기물과는 특성이 완전히 다르다. 방사성 폐기물은 핵종에 따라 방사능과 다른 방사선을 발생하기 때문에 인체와 환경을 보호하기 위해서는 무엇보다도 특성을 고려해 안전성 확립에 만전을 기해야 한다. 그래서 방사성 폐기물 관리사업은 안전성에 최우선을 두고 국가가 관리해야 하기 때문에 폐기물을 발생하는 사업자와 독립된 관리공단을 설립한 것이다. 방사성폐기물관리공단이 추진해야 할 업무는 처음부터 끝까지 국민과 환경의 안전을 책임지는 자세로 업무를 추진해야 함은 두말 할 나위가 없다.

이와 관련하여 가장 중요한 사항을 요약하면 다음과 같다. 먼저 폐기물의 발생량을 감축 또는 감소시켜 나가야 할 것이다. 당초 드럼당 예상 처분가격이 현실적으로는 상당히 상승해 큰 폭으로 비싸졌는데 이는 직접 전력 요금에 연동되며 전체적인 물가 상승에 영향을 주게 될 수 있다. 그뿐만 아니라 영구 처분장의 공간을 더 많이 사용하게 되어 관리 구역을 넓히게 되는 원인이 된다. 폐기물을 감축하는 방안은 그동안 지속적인 연구에 따라 다양한 방안이 있을 수 있다. 예를 들면 가연성 폐기물은 소각함으로써 부피를 크게 줄일 수 있으며 고강도 압축시설에 의한 압축 방안 역시 여러 나라가 많이 사용하는 방안이다. 최근에 폐기물을 고온에서 소각과 동시에 플라스마 상태에서 유리화로 방사선을 영구히 가두는 방안도 있지만 다른 처리 방안과 경제성에 대한 것은 검토 대상이다.

다음은 아주 낮은 극저준위 방사성 폐기물의 처분이다. 환경방사선 수준의 아주 낮은 방사성 폐기물을 일반화하여 처리 처분하는 것인데 영구 폐기물로 이송할 대상에서 재분류를 통해 관련 법규에 따라 일반 처리하는 것이다. 이는 발생자들에게 충분한 교육을 통해 이루어져야 할 것이다. 실제 현장에서는 방사성물질이라 하여 무조건 같은 곳에 모아 수거하는 것으로 알려지고 있다. 대학 등 의료 분야, 동위원소 취급 업체 등 2,500여 곳의 방사성동위원소 사용 기관이 그 대상이다.

경제성에 대한 관점에서 보면, 원자력 사업에 참여하는 사업체의 입장은 폐기물 가격이 너무 비싸 경영에 어려움을 주게 될 수도 있다는 것이다. 이러한 관점에서 보면 폐기물 관리시설을 유치함으로써 막대한 지역 지원 사업비가 지자체에 지급되고 있고, 이와 별도로 지자체는 조례로써 별도의 가격을 지자체의 재정수입으로 책정하게 되어 드럼당 가격은 매우 큰 폭으로 상승하게 되었다. 향후 별도 추가 금액이 혹시라도 예상된다면 이는 사업자에게 매우 어려운 점을 주게 될 수밖에 없기 때문에 충분한 원가 계산에 따라 정해져야 할 사안이라 판단된다.

한편 방사성 폐기물 관리사업은 일반 국민이 대부분 혐오시설로 이해하고 있어 철저하게 투명하게 관리하고, 어떠한 사안도 즉시 보고하고 발표하는 체계가 마련되어야 한다. 그러나 중·저준위 방사성 폐기물 관리시설은 엄격하게 국가기관에서 관리하고 있기 때문에 일단 폐기물로 처분이 되면 연속적이고 정기적으로 그 상황을 확인하고 기록하는 시스템으로 가동하게 된다. 처음 처분된 폐기물이 산업 폐기물이 될 때까지 약 300여 년이 걸리니까 우리 후손에게 그 기록이 연속적으로 안전하게 인계인수될 수밖에 없으며, 이러한 안전성에 대한 대국민 홍보가 강화되어 시시비비를 줄여나가야 할 것이다.

3. 사용후 핵연료 관리

사용후 핵연료의 잔존 가치

우리가 사용하고 있는 경수로 원전(PWR)의 경우, 1백만kW의 원자력 발전소 규모에 3~5% 농축된 우라늄 연간 소요량은 25톤이 필요하다. 가공된 우라늄 핵연료를 원자로에서 연소하게 되면 거의 같은 양의 사용후 핵연료가 발생하게 된다. 물론 노심 설계 개선과 연소 기술에 따라 연소도를 높일 수 있고 연소 기간도 늘릴 수 있는데, 이러한 기술이 점진적으로 개선되고 있다. 우리나라는 고리 원전 등을 도입할 때에는 매년 연료 교체가 이루어졌으나 점진적으로 늘어나는 추세이다. 연료 교체 기간이 2년으로 늘어날 날도 멀지 않았다. 그리고 연소도는 현재 우라늄 kg당 35,000~45,000kWd의 연소도를 기록하고 있지만 개발 중인 신기술의 고연소도 핵연료는 60,000kWd 이상으로 늘어날 전망이다.

원자로에서 연소가 끝난 사용후 핵연료는 에너지 이용 측면에서 아직도 잔존 가치가 충분해 재활용에 사용하는 국가가 증가하고 있다. 사용후 핵연료의 구성은 우라늄이 96%(이 중 우라늄-238이 95%, 우라늄-235가 1%)으로 가장 많고, 플루토늄 1%, 악티니드 원소(넵투늄, 아메리슘, 큐륨) 0.1%, 그리고 핵분열 생성물 3%로 구성되어 있다. 이러한 사용후 핵연료의 잔존 가치는 재처리를 통해 핵연료를 재활용하고 있다. 세계 전체 원전에서 매년 발생하는 사용후 핵연료는 10,500톤으로 추정되며, 프랑스, 중국, 인도, 일본, 러시아, 영국 등 6개 국가가 현재 재활용하고 있다.

물론 사용후 핵연료를 재활용하지 않고 직접 처분을 국가 정책으로 정한 국가도 있다. 그러나 아직까지 실행에 옮긴 국가는 없다. 스웨덴과 캐나다가 부지를 확보하고 직접 처분을 준비하고 있다. 미국은 카터 대통령 때에 사용후 핵연료의 재처리로 인한 핵확산 방지를 염두에 두고 직접 처분을 목표로 유카마운틴을 부지로 정하고 대규모 토목공사를 진행했지만 직접 처분이 근본적인 사용후 핵연료 관리의 정답이 될 수 없다는 전문가의 의견에 따라 부시 대통령이 재검토를 지시했고, 현재의 오바마 대통령 역시 한 발 더 나아가 특별위원회(Blue Ribbon Commission)를 구성해 재처리를 포함해 원점에서 재검토하도록 지시함으로써 그 결과의 이행에 주목하고 있다.

이와는 별도로 매사츠세츠 주의 시의원들은 사용후 핵연료의 안전에 초점을 맞춘 사용후 핵연료 관리 개선을 미국 전역을 대상으로 원자력공동체연합(Coalition of Nuclear Communities: CNC)을 출범했다. 한편 규제위원회(NRC)는 사용후 핵연료 현장 저장의 건식 저장을 통해 안전한 보장을 권고하는 입장이었다. 이와는 다르게 최근 미국연방법원은 수명 연장 원전에 대해 사용후 핵연료의 부지 내 연장 보관은 바른 판단이 아니라는 내용으로 판결해 규제위원회의 발전소 현장 추가 건식 저장 승인에 제동이 걸린 상태로 향후 진통이 예상된다.

국내 사용후 핵연료 발생 현황

우리나라는 지정학적으로 사용후 핵연료의 재처리를 할 수 없는 여건이다. 노태우 대통령의 비핵화 선언을 들 수 있는데, 이는 핵무기 개발은 물론 핵무기 관련 기술도 갖지 않는다는 것으로 해석될 수 있다. 사용후 핵연료의 재처리 공정이 바로 핵무기 연료인 순수 플루토늄을 분리할 수 있는 기술이기 때문이다. 따라서 한국은 그동안 재처리 기술이 아닌 건식 처리 기술인 파이로 공정을 연구해 왔다. 이는 현재의 원자로에 재활용하는 것을 목표로 한 것이 아니고 향후 개발될 제4세대 원전의 고속로 연료로 사용하기 위한 대책이라 할 수 있다. 그렇다면 장기적 관점에서 사용후 핵연료를 재활용한다는 의미이며, 사용후 핵연료를 에너지 연료로서 잘 보관해야 한다. 즉, 각 원전 부지별로 임시 저장을 하고 있지만 저장 용량이 부족하게 되어 별도의 중간 저장시설을 설치하거나 발전소마다 임시 저장시설을 증대시켜야 할 형편이다.

우리나라 원전에서 발생해 저장 중인 사용후 핵연료 현황은 2012년 8월 말 현재 현황을 설명하기로 한다. 우선 경수로와 중수로는 사용후 핵연료 다발의 크기가 다르기 때문에 별도로 설명하기로 한다.

경수로의 사용후 핵연료 발생 현황은 총 13,625다발이며, 부지별로는 고리원전(4기) 4,844다발, 영광원전(6기) 4,809다발, 울진원전(6기) 3,971다

사용후 핵연료의 저장조

발이다. 한편 천연 우라늄을 핵연료로 사용하고 있는 월성 중수로(4기)의 경우는 천연 우라늄을 사용해 연료가 많이 소요되므로 사용후 핵연료 발생이 많다. 월성은 중수로 핵연료 다발로 254,468다발이다. 물론 가압경수로와 가압중수로의 핵연료 다발의 크기가 크게 차이가 난다. 가압경수로 사용후 핵연료는 각 원전 부지에 설치된 임시 저장수조에 저장 중인데 저장 가능 용량이 제한되어 있어 공식적으로는 2016~2017년이면 포화 상태가 된다. 따라서 가능한 한 빨리 중간 저장시설의 건설 등 사용후 핵연료의 국가정책이 조속히 수립되어야 함을 앞에서도 언급했다. 그러나 사업자인 한수원은 정책과 별도로 동일한 저장수조를 개조해 사용후 핵연료를 조밀하게 저장할 수 있도록 설계를 변경하는 등 대책을 준비할 수밖에 없다.

사용후 핵연료 관리

사용후 핵연료 관리는 재활용 방안과 폐기물로 직접 처분하는 방식이 있음을 앞서 설명한 바 있다. 재처리란 사용후 핵연료에 남아 있는 플루토늄과 우라늄 등 잔존 가치가 있는 유용한 에너지를 추출하는 일련의 과정을 말한다. 한정된 우라늄 자원이 향후 고갈될 것에 대비해 효율적인 사용은 매우 바람직한 일이라 할 수 있다. 반면 직접 처분은 사용후 핵연료를 인간의 곁에서 영구히 처분하는 것을 말한다. 사용후 핵연료가 원자로에서 나오게 되면 온도가 매우 높고 방사능 때문에 상당한 기간 격리하고 냉각 보관해야 한다. 따라서 중간 저장시설 등에서 상당 기간 냉각하고 직접 처분할 경우 지하의 깊은 곳에 암반층에 가두어 영구히

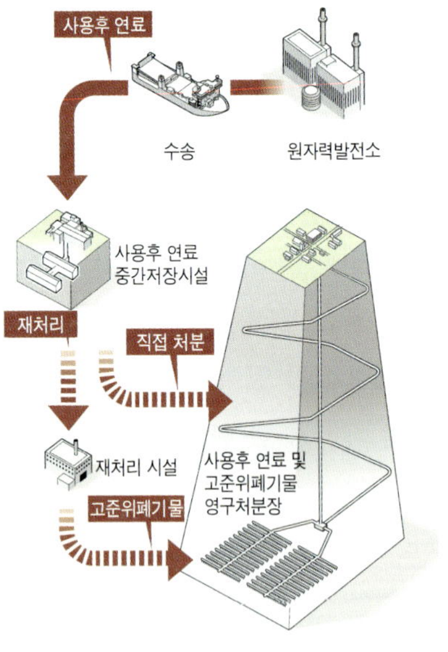

[그림 7-3] **사용후 핵연료 관리 개념도**

두도록 해야 한다. 이러한 개념이 현재까지 개발된 직접 처분 개념이다. 이러한 심지층 처분 개념의 연구는 여러 국가에서 수행되었다. 일부 해저 처분, 해양 처분, 우주 처분 등의 다양한 대안이 논의되고 있으나 현실적인 대안이라 보기 어렵다.

사용후 핵연료의 재처리나 직접 처분 등에 대한 국가 정책은 각 국가별 에너지 정책, 경제성 및 환경성, 안전성 확보를 위한 기술 수준, 국민의 수용 태세 등 자국의 상황과 핵확산 억제력 등의 외교적 요소를 고려해 종합적으로 신중히 결정해야 한다. 국가마다 사정이 다르지만 미국, 프랑스 등 주요 국가들의 해외 사례를 알아보기로 한다. 우리나라는 아직 국가 정책이 확정되지 않아 우선 운전 중인 발전소 부지의 저장조에 보관하고 있다. 따라서 조속한 국가 정책결정이 이루어져야 한다.

사용후 핵연료 관리 외국 사례

■ 미국

미국은 스웨덴과 함께 사용후 핵연료의 직접 처분을 일찌감치 결정하고 처분장 부지를 확보한 국가이다. 네바다 주 지자체의 승인을 얻어 추진된 70,000톤의 사용후 핵연료를 수용할 수 있는 유카마운틴(Yucca Mountain) 사업은 당초 계획인 2004년보다 늦어진 2008년에 인허가를 신청했고, 2017년부터는 운영을 시작하려 추진해 왔으나 지역주민의 반발, 정치 지도부 내의 견해 차이, 이해당사자들의 법적 분쟁 등으로 어려움을 겪고 있다. 특히 현 오바마 정권은 영구 처분장으로서의 유카마운틴을 반대하는 공약을 걸고 대통령에 당선되었으므로 영구 처분장에 대한 전면적인 재검토를 지시한 바 있다. 즉, 블루리본위원회라는 특별위원회를 구성하게 한 것이다. 이 위원회는 사용후 핵연료 및 고준위 폐기물의 저장, 처리, 처분 등을 포함해 후행 핵연료 주기의 광범위한 검토를 원점에서 진행해 정책대안을 정부에 보고하도록 했다. 2009년 현재 미국에서 발생한 사용후 핵연료의 양은 약 62,700톤인데 매년 2,000~2,400톤이 발생하고 있다.

한편 사업자인 각 전력회사들은 일정액의 최종 처분 비용을 분담해 오고 있고, 유카마운틴 처분장 부지 운영을 조속히 결정해 줄 것을 희망해 왔지만 그렇게 되지 않고 향후 최종 처분 일정이 불투명하게 되자 미국 전력회사연합은 중앙정부를 상대로 소송을 제기해 현재 진행중이다. 전력회사 측면에서 보면 계속 발생하는 사용후 핵연료를 추가로 어딘가 저장해야 하는 입장이니 별도 시설의 추가 경비는 당연히 이중 부담이 될 수밖에 없다. 현재 건식 저장 방식의 하나로 발전소 부지 내에 드라이 캐스크(dry cask)의 철 구조물에 사용후 핵연료를 임시 저장하고 있다.

또한 발전소 측은 종전의 저장 기간을 30년에서 60년으로 연장 승인 요청을 하고 있고 규제기관은 임시 보관 기간을 연장 승인하고 있는데, 이 부분이 최근의 미 연방법원의 부정적인 판결로 이견이 증폭되고 있다. 즉, 사용후 핵연료의 연장 보관은 안전상 적절하지 못하다는 것인데 이는 규제기관의 승인 절차와 배치된다. 만일 사용후 핵연료의 부지 내 저장을 60년으로 연장하지 못한다면 원전 수명 연장을 할 수 없다는 관점에서 규제기관은 수명 연장을 당분간 보류하겠다는 의견을 내놓고 있다.

한편 정부는 정부대로 사용후 핵연료를 직접 처분하게 될 경우 유카마운틴 한 곳의 처분장으로는 궁극적인 답이 될 수 없고 현재의 규모로 제2, 제3의 처분장을 건설해야 한다는 것이다. 따라서 근본적인 국가 정책에 대한 심도 있는 검토가 필요하다는 입장이다. 따라서 미국 정부는 별도의 대안을 제시할 때까지 시간이 필요하다는 원론적인 의견만 내놓고 있어 향후 미국의 원전 개발에 적잖은 장애 요인이 될 가능성이 있다. 오

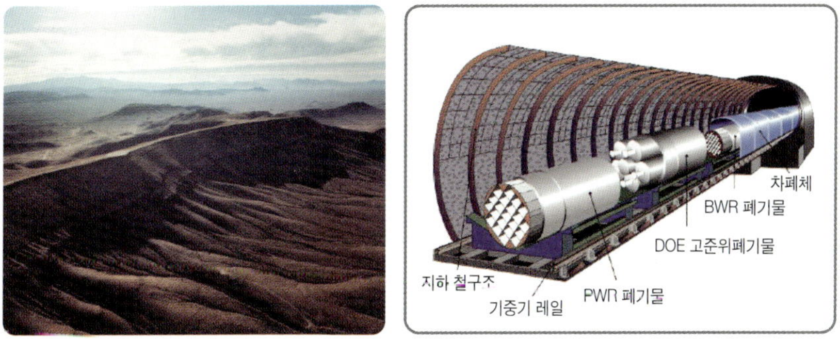

[그림 7-4] **미국의 유카마운틴 부지 및 내부 단면도**

바마 정권 말기에 진행되고 있는 이 현안은 차기 정권의 향배에 따라 달라질 수 있어 그 귀추가 주목된다. 2008년 말 현재, 전력회사가 부담한 기금 총액은 무려 310억 달러에 달하며 유카마운틴 처분장 건설에 150억 달러를 사용한 것으로 알려지고 있다. 당초 사용후 핵연료의 직접 처분을 국가 정책으로 정한 바 있지만 현재는 재처리를 포함한 사용후 핵연료의 재활용까지 포함한 광범위한 대안이 검토되고 있다고 볼 수 있어 정책 변화가 감지되고 있다.

그리고 미국의 규제기관은 유카마운틴 처분장에 대한 최종 승인 업무를 지속할 수 없게 되었다. 오바마 행정부가 2012년 규제위원회(NRC)의 승인 관련 예산을 삭감해 버렸기 때문이다.

■ 프랑스

프랑스는 사용후 핵연료를 재처리해 재활용하는 대표적인 국가이다. 프랑스 북동부 해안의 라하그(La Hague) 시설에는 연산 1,600톤 규모의 재처리 시설이 있다. 이 시설은 국내 수요는 물론 일본, 벨기에 등 다른 국가의 사용후 핵연료 재처리를 수행해 주고 있다. 1980년대 고준위 방사성

프랑스에서 건설하는 심지층 연구실험실

폐기물 처분장 부지 선정 활용이 국민의 강한 반대가 있었으며, 이로 인해 전담기관(ANDRA)의 설립과 방사성폐기물관리연구법이 제정되기도 했다. 이 법에 따라 주민 의견 수렴 등의 과정을 통해 1999년 지하 연구시설 건설을 결정하고 500m 깊이의 지하 연구실험실 구축을 진행했다.

심지층 연구 결과를 토대로 2006년에는 방사성폐기물관리법을 입법화했다. 그리고 고준위 및 장수명 방사성 폐기물을 프랑스 동부지방 부러(Bure) 인근의 점토질 암반 내에 심지층 처분으로 영구 처분을 위한 법령을 입법화했다. 고준위 방사성 폐기물 처분장의 운영 목표는 2025년이다.

■ 일본

일본은 1956년 원자력의 개발 이용에 관한 장기 기본계획을 수립한 이래, 플루토늄의 활용 및 고속로 개발을 적어도 후쿠시마 원전사고 이전까지 일관성 있게 추진해 온 국가이다. 군사적 핵 사용을 하지 않는 국가로

선 유일하게 재처리 시설을 가진 국가이기도 하다. 사용후 핵연료는 미래의 에너지 자원으로 간주해 직접 처분을 법으로 금지하고 있으며, 재처리에서 발생한 고준위 폐기물의 유리 고화체만을 고준위 폐기물 처분 대상으로 규정하고 있다. 일본은 프랑스 등에 7,000톤의 사용후 핵연료를 위탁 처리해 플루토늄과 우라늄을 혼합해 만든 혼합산화물연료(MOx)를 발전소에 핵연료로 재활용하고 있다. 즉, 현재의 열중성자 원자로에 혼합 핵연료를 우라늄 연료와 같이 사용하는 소위 플루서말(Pluthermal) 핵연료를 사용하기 시작한 것이다.

고준위 폐기물 처분과 관련해 일본은 1976년에 처분 연구를 착수해 1992년에 최초의 처분 개념 보고서를 발간했다. 보고서를 근간으로 관계 법령의 입법화와 전문기관인 원자력발전환경정비기구(NUMO)를 설립했다. 일본은 로카쇼무라(六ヶ所村)와 도카이(東海) 재처리 시설을 건설, 운영하고 있고, 도카이 다이니 건식 저장시설을 운영하고 있다. 그리고 무쓰

[그림 7-5] **일본의 사용후 핵연료 중앙집중식 중간 저장시설 개념도**

(陸奧)에 중앙집중식 건식 저장시설 건설을 추진하고 있다. 물론 일본의 원전 개발 방향은 후쿠시마 원전사고로 인한 영향과 변화가 클 것으로 예측되어 사용후 핵연료의 사용 역시 그 벽이 만만치 않을 것으로 추정된다.

■ 스웨덴

스웨덴은 사용후 핵연료를 고준위 폐기물로 규정하고 직접 처분하는 정책을 채택하고 있다. 스웨덴은 4개의 원전발전회사가 공동으로 투자해 사용후 핵연료 및 폐기물관리회사(SKB)를 설립했다. 직접 처분을 비슷하게 시작한 미국과 비교하면 사용후 핵연료 전담회사를 민간화했다는 것이다. 미국은 에너지부(DOE)가 주관하고 있는데 반해 스웨덴은 주인 의식을 가진 민간회사가 담당한다는 것이 다른 것으로 알려지고 있다. 각 원전에서 발생하는 사용후 핵연료는 일정 기간 냉각을 시키고 1985년부터 운영되고 있는 중앙집중식 중간 저장시설(CLAB)로 옮겨 저장하고 있으며, 이는 최종 처분장이 완공되면 재활용하지 않고 영구 처분하게 될 것이다.

한편 중 · 저준위 방사성 폐기물은 이미 운영되고 있는 최종 처분장(SFR)으로 수송, 처분되고 있다. SFR은 바다 밑 동굴 처분의 전형적인 사례로 이곳을 방문하는 외국 관련 기관뿐 아니라 일반인들도 많아 관광명소로 떠오르고 있다. 사용후 핵연료는 중간 저장시설인 CLAB에서 약 30년간 저장 냉각한 후 최종 처분될 예정이다. 스웨덴은 최종 처분장 부지를 확보하기 위해 1990년대부터 전국을 대상으로 입지조사를 실시했으며, 이 결과에 따라 8개 지자체를 선별했고 이들을 대상으로 실시한 타당성조사 결과를 바탕으로 2000년에 오사마르(Osthammar) 등 3곳을 대상 후보지로 선정하고 충분한 조사를 실시한 후 2009년 최종적으로 이곳을 확정했다. 스웨덴은 당초 2017년까지 최종 처분장을 확보한다는 계획이

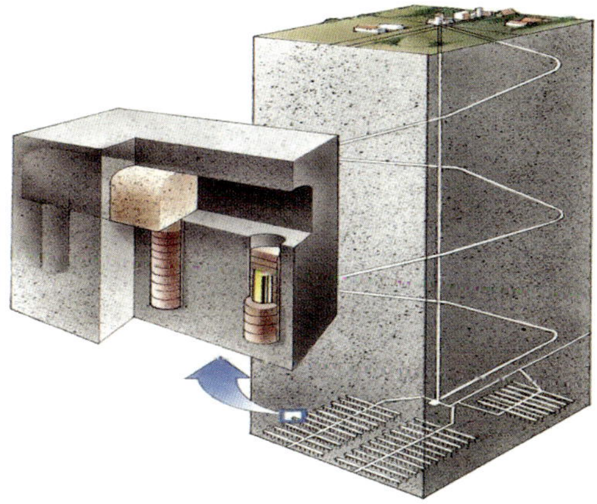

[그림 7-6] **오사마르 처분장 개념도**

었으나 부지 확보에 난항을 보여 목표를 수정해 2023년으로 목표를 일부 수정했다.

■ 핀란드

핀란드는 1983년 사용후 핵연료의 직접 처분을 정책으로 정하고 이에 따라 최종 처분 부지 선정 작업에 착수했다. 부지 사업이 본격적으로 착수된 시점은 1987년 원자력법의 개정과 때를 같이한다. 두 개의 원전발전회사(TVO 및 Fortum)가 공동 투자해 사용후 핵연료 최종 처분 전담회사(POSIVA)를 설립했다. 2004년부터는 올킬루오토(Olkiluoto) 원전 부지 인근에 지하 특성 조사시설을 건설하고 있으며, 장차 처분장의 일부로 편입할 예정이다. 이에 앞서 2000년 핀란드는 지자체의 일부 반대가 있었지만 다수의 지방의회 의원의 의결로 1차 관문을 통과하고 바로 국회의 승인을 얻어 최종 처분 부지로 확정했다. 전담기관인 POSIVA는 2012년 건설 허가를 신청하고 2020년까지 심지층 처분장 시설을 완료하고 운영에 들어갈 예정이다.

앞에서 살펴본 바와 같이 세계의 사용후 핵연료 관리 대책은 나라마다 특성이 달라 차이가 있음을 발견할 수 있다. 그리고 이 사업에 얼마만큼 국민의 이해를 구할 수 있느냐에 따라 정책 방향이 달라질 수 있다. 그리고 그 나라가 소유한 기술의 척도, 안전성이 높은 부지 확보 등 다양한 정책 변수가 있다고 하겠다. 이를 요약하면 〈표 7-1〉과 같다.

표 7-1 세계 주요국의 사용후 핵연료 관리정책 현황

국가	원전 규모 (2012년)	관리정책	특기 사항
미국	104기	직접 처분 (재고 중)	○ 발전소 내 · 외 독립 중간 저장시설(ISFSI) 운영 (건식) ○ 처분장 부지(Yucca Mountain) 관련 정책 재검토 ○ 2010년 사용후 핵연료 관리 대안 모색을 위한 '블루리본위원회' 구성
핀란드	4기	직접 처분	○ 2001년 처분장 부지(Olkiluoto)를 확보해 2020년 운영 목표 ○ 발전소 내 별도 습식 저장시설 운영
캐나다	18기	직접 처분	○ 발전소 내 별도 건식 저장시설 운영 ○ 2009년부터 심지층 처분장 부지 조사(Ontario, Quebec 등 4개 지역)
스웨덴	10기	직접 처분	○ 소외 습식 저장시설 운영(CLAB) ○ 2009년 처분장 부지(Osthammar) 선정 및 2023년 운영 목표
독일	17기	직접 처분	○ 2005 년 7월 프랑스/영국 위탁 재처리 중단 ○ 발전소 외 중간 저장시설 운영(Ahaus, Gorleben 등) ○ 2025년 이후 처분장 운영 목표

국가	원전 규모 (2012년)	관리정책	특기 사항
영국	19기	재처리	○ 장기 관리정책 재검토 중(셀라필드 재처리시설 운영) ○ 재처리 시설 및 Wylfa 원전(건식) 내에서 중간 저장
프랑스	59기	재처리	○ 라하그 재처리 시설 내 중간 저장 ○ 처분장 부지(Bure 예정) 2015년 인허가 및 2025년 운영 계획
일본	54기	재처리	○ 위탁(프랑스/영국) 및 자체(도카이/로카쇼) 재처리 병행 ○ 재처리 초과분 발전소 내 건식 저장 ○ 2012년 사용후 핵연료 중간 저장시설(무쓰) 운영 예정
중국	15기	재처리	○ 중간 저장시설(Lanzhou) 운영 ○ 2020년 처분장 부지 선정 및 2050년 운영 목표
러시아	31기	재처리/ 직접 처분	○ 최종 처분 부지(KOLA 반도) 조사 ○ 다양한 형태의 저장시설 운영
스페인	8기	직접 처분	○ 2010년부터 집중 중간 저장시설(Trillo) 운영 계획 ○ 발전소 내 · 외 건식 저장 병행
한국	23기	미정	○ 2016년까지 발전소 내 임시 저장-조밀 저장 설계로 연장 계획 ○ 국민적 공감대 하에서 정책결정 추진 중임

제 8 장

원자력 선진국으로 가는 대한민국

1. 원자력의 평화적 이용

제2차 세계대전의 종결을 가져온 핵무기

제2차 세계대전의 종결은 인류 역사상 처음으로 사용된 핵무기 2기에 의해 결판이 났다고 해도 과언이 아니다. 당시 일본에 투하될 핵무기를 B-29 대형 비행기에 탑재해 일본으로 갈 때는 적국 동맹국으로서 리더격인 독일이 이미 항복을 한 때였다. 제2차 세계대전이 종결되자마자 원자력의 위력을 실감한 세계 열강들은 앞다투어 핵무기를 개발하기 시작했다. 최강의 미국은 핵무기 확산을 방지하기 위해 앞장서서 미국은 물론 서방국과 함께 유엔원자력위원회(UNAEC)를 조직해 제도권에서 핵확산을 방지하려 했다. 그러나 당시 동맹국의 하나인 구소련은 참여하지 않아 미소냉전의 시작을 예고했다. 1949년 구소련은 미국에 이어 핵실험에 성공했던 것이다. 이어 1952년 영국마저 핵실험에 성공하게 되자 미국의 아이젠하워 대통령은 1953년 유엔에서 원자력의 평화적 이용을 연설하게 된다. 유명한 내용의 명연설이 오늘날 원자력을 이용한 전력 생산으로 귀결된 것이다.

아이젠하워 대통령은 연설에서 "원자력을 평화적으로 이용하는 것은 결코 헛된 꿈이 아닙니다. 이미 그 가능성이 입증되었기 때문입니다. 저는 오늘 유엔의 후원 아래 국제원자력기구를 설립할 것을 여러분 앞에 제안합니다."라고 소신을 밝혔다.

이러한 미국 대통령의 제안에 따라 오늘날 국제원자력기구(IAEA)가 탄생하게 되었으며, 원자력에 대한 비밀 위주의 정책이 바뀌게 되었다. 물론 명분 없이 반대할 수 없어 구소련도 IAEA 창설에 찬성했다.

우리나라는 당시 6·25전쟁 이후 기아에 허덕이는 어려운 시기였다. 현재의 아프리카 저소득층 국가와 별반 다르지 않았을 때이다. 1인당 국민소득 GNP가 100달러도 되지 않았을 때였고 북한이 전력 송전을 일방적으로 끊어버리고 난 뒤였기 때문에 전력 확보가 무엇보다 중요하던 때였다. 원자력의 평화적 이용으로 전력을 원자력에서 생산할 수만 있다면 더 이상 바랄 것이 없었다. 또한 원자력을 통해 전력뿐만 아니라 농업의 다수확, 의학 및 공업에 이용할 수 있다면 하는 기적 같은 생각은 한낱 꿈으로 끝나지 않았던 것이다. 대학교에 원자력공학과가 설치된 것도 1950년대 말이며 원자력 연구의 총집산이 된 원자력연구소가 설립된 때가 1959년이었다. 이어 앞서 1956년에는 미국의 도움으로 원자력 전시회가 서울 덕수궁에서 열렸다. 관심을 반영하듯 이승만 대통령을 포함한 3부 요인이 관람했으며 많은 일반 국민이 원자력을 처음으로 접하게 되었다.

우리나라를 포함해 각 회원국은 국제적으로 설립되는 IAEA에 대한 동의를 필요로 하여 우리 국회는 1957년 만장일치로 통과시켰으며, 더불어 한국 내의 원자력 추진 체제를 강화하는 결정을 해주었다. 조직과 예산, 그리고 인력 양성에 대한 것이었는데, 우리나라가 원자력 산업에 기초를 놓는 중대한 시기였다.

원자력 선각자 이승만과 박정희

대한민국의 초대 대통령이었던 이승만 박사는 국가 원자력 발전 방향의 큰 틀을 구축한 분이다. 미국에서 공부해 서구의 문화를 충분히 이해하고 있던 그는 원자력의 역할을 이해하는 데 큰 어려움이 없어 미래의 원자력을 내다본 원자력 선각자였다. 앞에서도 언급했지만 그는 그 어려운 시절에 거액의 원조금을 연구용 원자로 도입과 인력 양성에 사용했다. 당장 기아의 고통에 있던 어린이들이 어찌 생각나지 않았겠는가? 그는 이러한 어려움을 참으면서 국가의 먼 장래를 바라본 혜안을 가진 분으로 원자력계에서는 인정하고 있다.

당시 미국의 원자력산업회의 회장을 역임한 워커 시슬러(Walker Lee Cisler)의 한국 방문이 우리나라 원자력 역사를 바꿔놓는 계기가 되었음을 알 만한 사람은 다 알고 있다. 그는 이승만 대통령을 만난 자리에서 조그마한 상자를 내놓았다.

"각하, 이것을 한번 보십시오."

시슬러가 연 그 상자 안에는 3.5파운드의 석탄과 우라늄이 들어 있었다.

"이 석탄이 연소하면 4.5kWh의 전기를 생산하는 데 같은 무게의 우라늄은 무려 1천 2백만kWh의 전기를 생산할 수 있습니다. 발열량에서 단 1그램의 우라늄은 석탄 3천 톤의 에너지와 맞먹습니다."

이에 이승만 대통령은 깜짝 놀라지 않을 수 없었다. 시슬러는 말을 이어갔다.

"석탄은 땅에서 캐는 연료이지만 원자력은 사람의 머리에서 캐내는 에너지입니다. 한국처럼 자원이 적은 나라는 적극 원자력을 개발해야 됩니다."

이어서 이대통령이 입을 열었다.

"언제쯤이면 한국이 이것을 이용할 수 있을까요?"

전기가 모자라는 판에 당연한 질문이었다.

"20년 후면 가능할 것입니다."

"그렇다면 무엇을 해야 합니까?"

시슬러는 차근하게 설명을 해 나갔다.

"우선 원자력 사업을 위한 기본을 갖추어야 합니다. 바로 정부가 앞장서서 규제기관과 연구기관을 설립하고 인재를 키워나가야 합니다. 젊은 이들의 열정에 따라 한국이 전기를 원자력에서 공급하게 될 것입니다."

시슬러의 말에서 이승만 대통령은 새로운 도전 의지를 가질 수 있었고, 충분한 확신을 갖게 되었던 것이다.

이승만 대통령은 1958년 한국 최초의 연구용 원자로 사업 추진을 결재했다. 당당 70만 달러의 거액이었다. 지금과 비교되지 않던 거액의 외환이었다. 많은 검토 결과 연구로의 노형이 정해지고 1959년 7월 14일 선정된 연구로(TRIGA Mark-II)의 건설 기공식이 거행되었다. 원자력연구소가 문을 연 지 4개월 되던 때이다. 기공식에는 당연히 이승만 대통령이 참석했으며 국내외 저명인사들도 참석했다. 이승만 대통령은 연설에서 한국의 원자력 개발의 중요성을 언급했는데, 특히 그의 연설에서 "연구소는 앞으로 Atomic... Atomic Machine을 만들어야 한다."고 언급했다. 그가 언급한 원자력 기계장치(Atomic Machine)란 무엇을 뜻했을까? 참석한 미국 대사의 눈은 놀라고 있었다.

다음은 박정희 대통령에 대한 언급이다. 연구용 원자로는 한창 건설이 진행되고 시운전에 돌입하고 있었다. 1962년 3월 19일 역사적인 핵연료가 장전되어 성공적으로 시험이 시작되었다. 그해 11월 당시 국가재건최고회의의 박정희 의장이 원자력연구소를 방문했다. 그는 원자력에 매우 강한 의지를 가진 분이었다. 당시 1962년 11월 원자력 발전을 도입하기 위한 원자력대책위원회를 한전을 중심으로 구성하고 타당성조사를 수행한 바 있다. 조사 결과에 따르면 건설 착수 시점을 1971년으로 하고 가장 경제적인 원자로를 도입하는 등 현안들이 수록되어 있다. 이와 병행하여 IAEA의 전문가를 초청해 기술 경제 관점의 자문을 받았다.

이러한 내용은 박정희 대통령에게 보고되었는데 시기를 1년 앞당기

● 1958.11.1. 노형 선정(TRIGA Mark-II)

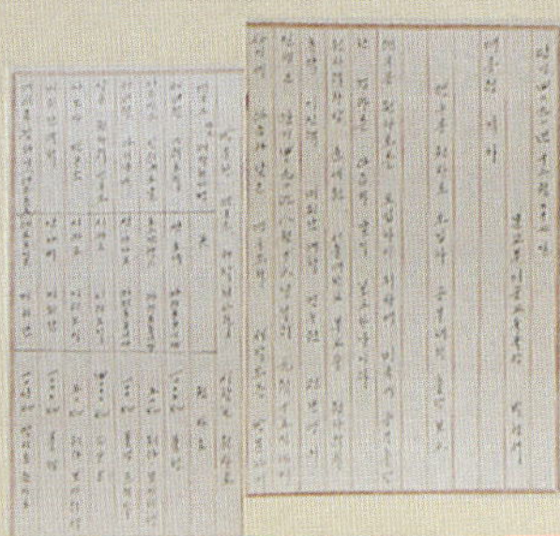

조사단은 미국의 여러 원자로를 둘러보고,
제네바 전시에 성능을 인정받은
TRIGA Mark-II를 선정했다.

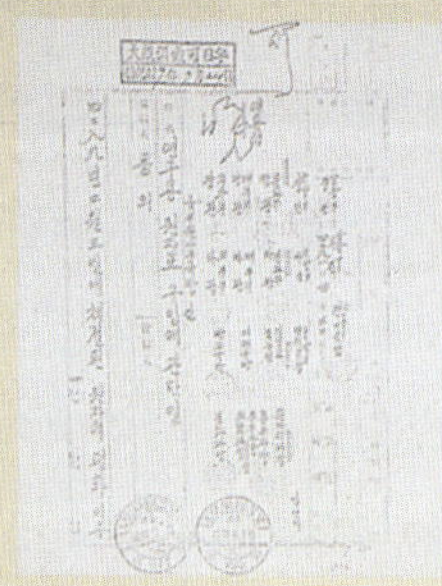

이승만 대통령이
문교부 원자력과 윤세원 과장에게
"자네, 원자력을 공부했다지?"로
시작된 지시에서 비롯되어
이듬해 7월 원자로 구입이 결정되었다.

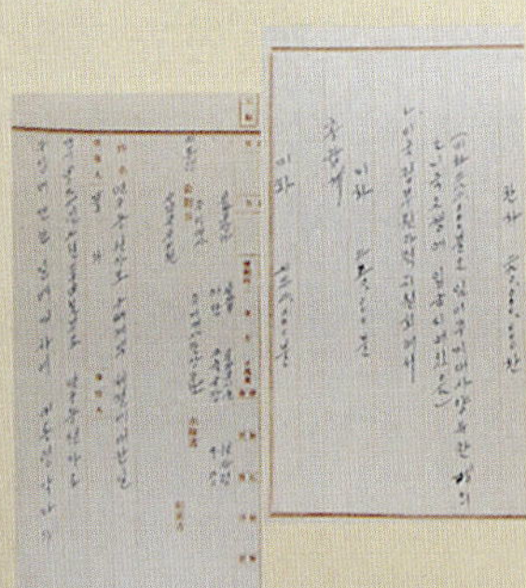

부속 과학 기재를 포함한 원자로 건설비
73만 2천 달러에 계약.
이 중 35만 달러는 미국의 지원을 받았다.

주미대사 양유찬과
미국원자력위원회(AEC) 위원장
Harold S.Vance 사이의
계약서 교환

국내 최초의 연구용 원자로 결정 도입

도록 지시했다. 당시 결정된 고리원전 1호기 도입에 소요된 비용은 천문학적 금액이었다. 내・외자 합해 약 1억 8천만 달러가 넘었다. 우리 돈으로는 약 344억 원에 해당하는 금액이다. 당시 1인당 국민소득은 300달러가 안 된 시기였다. 국가 우선순위에서 당시 과연 이렇게 막대한 소요자금이 들어가는 원전 건설에 대해 원자력을 이해하는 박정희 대통령과 같은 통치자가 없었다면 원진 도입이 가능했을까. 그는 원자력이 한국에 큰 이익을 가져다 줄 것을 줄곧 믿었던 것으로 알려져 있다. 한때 핵무기를 개발하겠다는 의지도 있었지만 어떻든 이를 포기하고 오로지 원자력의 평화적 이용에 지원을 아끼지 않았다.

박대통령의 조기 착수 지시에 따라 급속도로 원전 도입이 현실화되기 시작했다. 당초 운영하던 원자력대책위원회를 원전계획심의위원회로 바꾸어 관련 부처가 종합적인 의견을 조율해 나갔다. 이와 때를 같이하여 정부에서는 원자력원을 원자력청으로 하여 과학기술처 산하에 두었다. 원자력청의 원자력발전과가 실질적인 업무를 추진하게 되었지만 다른 한편에 있던 한국전력은 사업자가 원전 도입을 추진해야 한다는 논리를 펴서 결국 경제기획원 장관이 원전추진위원회 위원장 자격으로 교통 정리를 하게 되었는데 한국전력이 사업 추진 책임을 맡기로 했다.

원전 도입은 국제 입찰에 의해 최종 원전 공급자가 결정되었다. 원자로 공급자는 외자에 대한 차관을 알선하도록 하는 입찰 조건이었다. 당시의 한국 산업 인프라를 고려할 때 모든 책임은 외국이 책임을 지고 완벽하게 건설해 한국에 인계하는 일괄 도입 계약(turn key)을 하게 되었다. 1968년 국제 입찰 공고와 입찰에 의해 최종적으로 웨스팅하우스가 주계약자로 선정되었다. 원자로 노형은 가압경수로(PWR)였다. 한국에 행운이 찾아온 순간이었다. 만일 당시 GE사의 비등경수로(BWR)로 결정되었다면 일본의 후쿠시마 원전사고에 대한 영향이 만만찮았을 것이다. 이를 두고 어느 원자력 원로학자는 한국은 국운이 있다는 말을 했는데 틀리지 않는 말이다. 앞서 언급했지만 BWR은 원자로 냉각의 안전성 측면에서 PWR에 비해 취약함이 증명되었다.

원자력연구소의 설립과 최초의 연구용 원자로 건설

정부에 원자력과가 설치되고 원자력에 대한 관심이 높아가면서 1959년 3월 1일 마침내 원자력연구소가 설립되었다. 우리나라에 유일하게 탄생된 종합연구소인 셈이다. 사실 원자력연구소가 설립되고 많은 인재가 배출되었는데 한참 후에 여러 연구소가 발족하게 될 때 원자력연구소에서 근무하던 인력이 스카우트되어 나가 그 연구소의 기틀을 세우는 데 기여했다. 원자력연구소는 원자력의 연구뿐 아니라 방사성동위원소 등을 이용한 농학적 이용, 의학적 이용에 대해서도 폭을 넓혀 나갔다. 당시 어려운 시점이지만 국가는 원자력연구소에 대한 적극적인 지원을 아끼

원자력연구소의 개원(1959.3.1)

한국 최초의 연구용 원자로 기공식(1959.7)

지 않았다. 이승만 대통령의 특단의 결정에 의해 해외에 파견되어 기술을 배워 온 적지 않은 인력이 각 분야의 중심에 서 있었다. 이에 대해 IAEA에서도 긍정적인 평가를 해주었다. 이러한 인력은 바로 다음 단계에서 원전 도입에 기술 인프라를 구축할 수 있는 기초가 되었다.

원자력연구소가 개원하기 바로 전 1958년 국내에서는 처음으로 한양대학교에서 원자력공학과를 설치했다. 그리고 다음해인 1959년 봄학기에 서울대학교에서 원자력공학과의 문을 열었다. 이렇게 두 대학을 중심으로 한동안 원자력 인재 양성이 이루어졌다. 이러한 인프라 개발에 몰두하고 있을 때 원자력연구소를 중심으로 연구용 원자로 도입에 매진하라는 특명이 있었다. 사실 미국은 한국의 원자로 도입에 미온적이었고 부정적이었다고 알려지고 있다. 그러나 한국은 이에 굴하지 않고 1958년 8월 조사단을 미국에 파견했다.

여러 가지 경험을 겪으면서 여러 원자로 노형 중에서 GA(General Atomic)이 개발한 TRIGA(~100kW급)를 도입하기로 의견이 모아졌다. 이 중 미국에서 보조금 35만 달러를 제공할 수 있음을 확인하고 도입 결정을 마무리했다. 이 원자로는 몇 년 전에 수명을 다하고 폐로를 했지만 후손에게 원자력의 역사의 장으로 남기기 위한 모형을 건축하여 별도로 남

겨두고 있다. 이 기술이 기초가 되어 원자력연구소는 하나로원자로(열출력 3만kW급)의 대형 연구로를 자력으로 설계, 건조해 운영할 뿐만 아니라 요르단에 수출할 수 있는 기술을 확보하게 된 것이다.

2. 정책 및 전략적 의사결정

가압경수로(PWR)의 도입 결정

개발도상국의 한 국가인 한국의 경제는 날이 갈수록 발전하고 있었다. 경제개발 5개년계획이 정책을 뒷받침해 주었다. 1960년대 들어 경제개발에 따른 전력 수요는 놀랍게도 연간 15%가 늘어나고 있었다. 특히 1970년대 초 일어난 석유 파동은 박정희 대통령으로 하여금 원전 도입을 앞당기게 한 계기가 되었다. 이 같은 필요에 따라 상공부에 원자력발전위원회가 설치되었다. 또한 상공부(현재의 지식경제부) 산하의 한국전력이 원전 도입의 책임을 맡게 되어 조직적으로 사업을 추진하게 되었다.

원전 도입에 루머도 없지 않았다. 최종적으로 가압경수로가 결정되자 왜 그 노형인가 하고 반문하는 전문가도 있었다 한다. 사실 그 당시에는 미국의 경수로와 영국의 가스로가 경쟁적이었다고 할 수 있다. 특히 우리나라는 당시 전력 규모가 대형 원전을 도입할 여건이 되지 못했다. 보통 그 나라 전력 규모의 10% 이내의 용량이 들어가야 계통에 안정을 기할 수 있다는 것이었다. 그러므로 그 당시 우리나라 계통의 크기에 비하면 50만kW급인 경수로는 너무 크다는 얘기이다. 앞서 언급했지만 타당성조사에서도 15만kW급이 적정하다는 내용이 있었다. 그리고 당시 영국에서 공부하고 온 과학자들의 입김이 강했는데도 불구하고 결과는 가압경수로로 결정되었던 것이다.

그러면 30여 년이 지난 현재의 입장은 어떤가? 당시 우수하다고 판단한 가스냉각로는 모두 사양길에 들거나 없어지고 말았다. 가동성이 경수로보다 우수하지 못하고 용량을 확대하는 데도 어려움이 있어 결국 종주국인 영국에서도 최근 가스냉각로를 포기하고 경수로 건설로 방향을 바꾸었다. 즉, 한국은 원자력에 관한 한 적어도 국운이 있다고 얘기할 수 있다.

핵연료 국산화 및 원천 기술 개발

한국의 노형으로 고리 1호기에 가압경수로가 결정되자 다음은 핵연료의 안정적인 공급에 대한 이슈가 폭넓게 논의되었다. 원자력발전소가 잘 건설된다 하더라도 핵연료 공급이 원활하지 않다면 어떻게 되겠는가? 장기적인 관점에서 이에 대한 해답을 찾아야 하는데 그 답은 핵연료의 국산화뿐인 것이다.

한국 정부는 한국핵연료개발공단을 설립하고 자력으로 기술 개발을 하겠다는 구상을 담은 기본 계획을 수립했다. 이 조직은 원자력연구소에 편입되었고 우선적으로 압력 조건이 낮은 월성원전인 중수로부터 국산화를 시작했다. 1980년 말 중수로 국산화를 천명하고 국가 주도로 시작하게 되었다. 또한 가압경수로 핵연료는 1986년까지 상용 공장을 건설한다는 계획으로 별도 추진되었다. 원자력연구소 연구진의 피나는 노력으로 중수로 핵연료 다발의 복사판을 만들어 국산화에 들어갔다. 적지 않은 어려움을 당하면서도 핵연료 모이다발을 만들었다. 그러나 실제 원자로 내의 같은 조건에서 태워 볼 때 성능이 제대로 나올 것인지가 문제로 남았다. 성능을 확인해야 한전이 신뢰성을 믿고 구매해 줄 수 있었다. 캐나다에 있는 원자로 내에서 조사하는 노내시험(In-Pile-Test) 금액이 너무 엄청나 그동안 노력한 결과가 실패로 돌아갈 뻔했다. 그러나 결국 캐나다원자력공사와의 물밑 협상으로 목표를 달성할 수 있었다. 결과는 대만족이었다. 오늘날 월성원전의 핵연료 국산화는 그렇게 성공했다.

한편 가압경수로 원자로의 핵연료 국산화는 쉽지 않았다. 처음 계획은 외국과 합자회자를 건설해 추진하려 했으나 이 사업을 전담한 한국핵연료(주)와 원자력연구소의 경영진은 생각이 달랐다. 정부 정책을 바꾸어 기술 도입에 의한 국산화로 방향을 선회했다. 그 이유는 간단하다. 핵연료 가공 합자회사는 외국 파트너가 동의하지 않으면 계속 예속될 수밖에 없기 때문이다. 그래서 외국 핵연료 전문회사를 선별해 기술료를 주면서 외국 기술을 도입하도록 한 것이다. 한국은 독일의 카베우(KWU)를 설계를 위한 기술선으로 택했다. 이어 영광 3, 4호기에서는 CE가 선정됨으로써 초기 노심 설계는 CE의 기술을 도입했다. 이러한 노력에서 가압경수로 핵연료까지 설계 자립이 이루어졌다.

오늘날 한국의 핵연료 연소 성능은 어느 국가보다도 우수하다. 원전 가동률이 세계에서 가장 높은 이유가 바로 안전한 핵연료의 연소에 있다고 해도 과언이 아니다. 연소도는 우라늄 톤당 45,000kWd이다. 핵설계에 따라 최대한 높일 수 있을 때까지 연료를 태운다. 이런 기술이 바로 우리에게 있다. 또한 외국의 기술에서 벗어나 한국의 원천 기술을 확보하는 데 진력하고 있다. 금년(2012년) 내로 완전히 한국 고유의 원천 기술을 확보하게 된다. 종래보다 약 30% 높은 고연소도를 가진 바로 하이퍼(HIPER) 핵연료이다. 이 핵연료는 세계 어느 국가의 핵연료에 못지않은 선진 기술이다. 원전을 보유한 몇 안 되는 국가 중에 한국이 이 기술을 보유하고 있다.

원전 기술 자립과 표준 원전 설계

한국의 원전 기술 자립은 한 편의 감동 스토리라 할 수 있다. 보통 원자력 기술을 가진 국가는 원자력 핵심 기술을 개방하지 않는다. 그것이 관례로 되어 왔다. 그러나 1970년 말 TMI 사고와 1980년 중반 체르노빌 사고는 우리에게 기회를 가져다 주었다. 두 원전의 사고는 세계 원자력 산업계를 침체로 몰아넣기에 충분했다. 기술 개방을 꺼리던 원자로 공급자들은 비속어로 말해 속옷까지 벗고 기술을 주겠다는 자세로 바뀌었다. 물론 말이 그렇지 실제 협상에 들어가면 반드시 그러하지는 않았다. 어떻든 분위기는 그렇게 흘러가고 있었다. 이러한 기회를 우리가 잡은 것이다. 그들이 주겠다는 기술에 한 수 더 떠서 우리가 바라는 기술까지 요구할 수 있었고 울며 겨자 먹기로 우리의 요청을 들어 주지 않을 수 없는 좋은 조건에서 기술을 확보하는 계기가 되었다. 한국 정부의 원전 기술 자립 정책 결정과 꼭 맞아 떨어진 경우이다. 이 또한 한국이 행운을 잡았다고 할 수 있다.

한국에서는 가장 핵심 기술인 원자로 계통(NSSS) 설계는 한국원자력연구소에서 맡았다. 한전을 포함한 모든 기관이 역할 분담의 교통정리가 완료되었다. NSSS를 책임진 한국원자력연구소는 사업 능력은 조금 약했지만 충분한 고급 인력을 보유하고 있어 국내에서는 가장 최적의 조건을 갖추고 있었다. 가장 어려운 설계 기술 자립이 기관 간의 유기적인 협력으로 성공리에 마무리되었다. 한국의 기술 자립은 가장 짧은 시간에 역경을 극복하면서 이루어졌다. 세계가 경탄한 대한민국의 대표적인 성공 사례라 할 것이다.

다음은 외국 회사와 공동으로 추진한 공동 설계를 바탕으로 우리 기술진에 의해 실제 우리 실정에 알맞은 한국의 표준발전소를 설계해 보는 것이다. 이는 원래 계획에 있었던 일로서 표준설계의 복사판으로 원전을 건설하게 되면 제조 및 건설에서 기술성은 물론, 경제적일 수 있기 때문에 추진된 일이다. 영광원전 3, 4호기와 울진 5, 6호기가 참조 발전소가 되어 그동안 운전 중에 보완할 부분과 전력회사의 요건을 수용해 새로운 기술의 표준설계를 완성한 것이다. 최초의 표준 모델은 바로 1000MW급의 OPR1000이었다. 이 발전소는 군이 정의한다면 제2세대 원전을 보완했으니 제2.5세대로 불릴 수 있다. OPR1000의 표준 원전을 복제 건설한 원전 기수는 모두 울진 5, 6호기를 포함해 8기이다. 다음은 용량을 1400MW급으로 확장하고 안전성을 강화했으며 수명 연한을 60년으로 한 APR1400의 표준 원전을 개발한 것이다. 이 원전은 신고리 3, 4호기를 시작으로 신울진 1, 2호기가 건설되고 있다. 아랍에미리트(UAE)에 수출한 상품도 바로 APR1400 노형이다. 이 노형과 유사한 APR+노형도 개발 중이다.

3. 미래의 한국 원자력

안전성 없이는 미래도 없다

그동안 3건의 원전사고는 우리에게 큰 교훈을 가르쳐 주었다. 원전사고마다 사정은 제각각 차이가 난다. TMI 원전사고는 간단하게 말해 운전자의 미숙에 따른 인재로 결론지어도 될 것 같다. 핵연료 용융사고에도 수소는 폭발하지 않았고 발전소는 폐기되었지만 별다른 방사선 방출은 물론 환경과 주민에게 재해가 거의 없었다. 두 번째 발생한 체르노빌 원전사고는 우리에게 심각한 영향을 주었다. 엉성하게 건설된 원자로 건물로 다중방호의 기본 개념이 무너졌다. 그리고 이 또한 운전자의 실수가 단초를 제공했으며 잘못은 점점 나쁜 방향으로 잘못이 연속되어 원자로의 핵연료 용융사고가 일어나게 된 것이다. 물이 아닌 가스 냉각으로 냉각 기능이 무너지니 감속재인 흑연이 불쏘시개 역할을 하게 되어 화재를 크게 키웠다. 이 사고는 심각한 인명 피해를 동반했고, 당시 공산주의의 폐쇄성이 더욱 사고를 확장시켰다. 그 결과를 비밀에 붙여 인근 주민에게 치명적인 결과를 가져오게 했다. 소개(疏開) 시기를 놓쳐 많은 인명이 방사선에 노출되어야 했다.

2011년에 발생한 일본의 후쿠시마 원전사고는 공식적으로는 인재라고 하지만 자연재해에 가깝다. 다만 중대사고 시에 충분한 대책을 하지 않은 자체가 경비에 따른 경영진에 있는지 검토해 볼 일이다. 대지진에 따라 원전 자체는 안전하게 운전 정지를 했으나 140여km 밖의 바다에서 일어난 대지진의 해일이 발전소 앞의 방파제를 넘어 발전소를 공격해 발전소의 모든 전원 상실을 가져오게 한 것이 직접적인 원인이 되었다. 전원 상실에 따라 원자로 냉각 기능이 마비되어 최종적으로 원자로의 핵연료가 녹는 용융 상태에 이른 것이며, 높은 온도에서 발생한 수소가 포집되어 폭발해 원자로 건물이 파손되면서 방사성물질과 방사선이 강하게 누출된 것이다. 다행히 일본 정부는 제때에 반경 20km 내의 주민을 소거시키고 30km 내의 주민은 소거 또는 외부 출입을 막았기 때문에 이번 큰 사고에도 목숨을 잃은 사람은 한 명도 없었다.

결국 원전은 안전성의 담보 없이는 미래가 없다는 말로 귀결될 수 있다. 세 번의 중대사고, 특히 이웃한 일본의 원전사고는 우리 사회에 큰 충격으로 다가왔고, 앞으로 원자력의 미래에 적지 않은 충격으로 다가올 가능성이 있다. 이를 극복하기 위해서는 아무리 달콤한 말을 한다 하더라도 국민을 설득하기 쉽지 않을 것이다. 다만 한 가지, 안전성의 실천만

이 원자력의 미래를 책임질 수 있다. 따라서 단시간에 해결될 일은 아니며 시간을 두고 지속적으로 주민과 국민에게 보여 주어야 한다. TMI 원전사고 이후 미국이 국민의 신뢰를 다시 얻는 데는 20년이 더 걸렸다. 우리도 이를 간과해서는 안 된다. 이미 이번 고리 1호기의 잘못된 관행과 보고 절차의 생략에서 원자력 반대 세력을 많이 키웠다. 그렇다고 그 반대 세력은 대안을 가지고 반대하는 것은 아니라고 본다. 왜냐하면 특수한 한국적 여건이 원자력을 제외하고는 뚜렷하게 나아갈 방향이 없기 때문이다. 반대의 목소리를 키운 원인이 바로 우리 원자력 가족에게 있다는 점을 명심하지 않으면 안 된다. 진실과 사실대로 행해야 하며 그렇게 하는 것이 바로 원자력 산업에는 기본이 되어야 한다. 바로 진실이 좌우명이 되어야 할 것이다.

원자력 발전 기술 수출

1960년대 말, 한국은 원자력발전소 도입에 대한 꿈을 키워 온 시절이 있었다. 현재 베트남 및 인도 등 아시아의 여러 국가와 터키, 사우디 등 중동에서 처음으로 원전을 도입하거나 또는 추가 도입을 원하고 있다. 2009년 말, 한국은 이미 UAE에 원전의 처녀 수출 실적을 가지고 있다. 한국의 원전 기술은 어느 국가의 기술 못지않게 훌륭한 표준설계를 보유하고 있어 향후 좋은 결과가 나타날 것으로 확신한다. 원자력 기술은 기술 집약적이고 부가가치가 매우 높은 산업이다. 조선 및 자동차 산업, IT 산업 등과 비교할 때 선진국 중심의 국가들만 가질 수 있는 기술이라는 특성이 있다. 한국은 가장 짧은 시간에 기술 자립을 완성하고 해외에까지 수출을 달성한 소위 원자력 선진국 대열에 올라섰다. 우리나라는 우연히도 외국에서 발생한 큰 사고를 타산지석으로 삼아 많이 활용해 왔

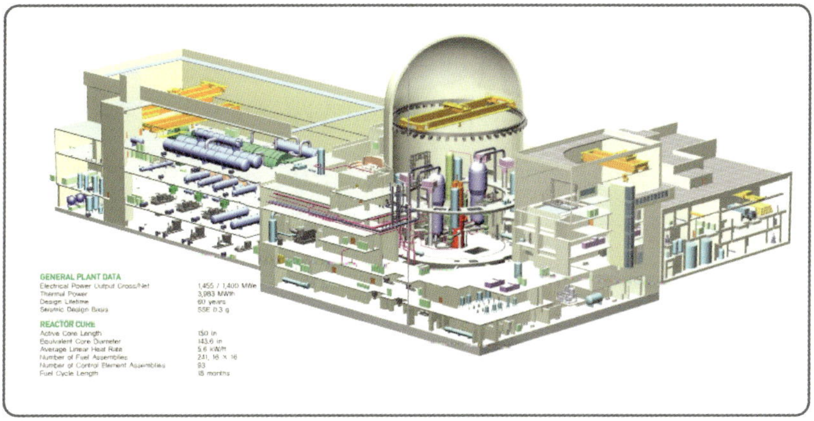

[그림 8-1] **한국 표준 원전 APR1400 투시도**

다. TMI 사고 때는 원자력 산업의 장기 불황을 불러와 우리는 기술 자립의 길을 열었고, 연이어 발생한 체르노빌 사고는 한국의 원전이 가장 안전하다는 확신을 갖게 했다. 바로 튼튼한 콘크리트 격납용기가 있어 중대사고가 발생하더라도 원자로 격납용기 안에서 방사선 관련 문제는 해결될 수 있다는 확신을 얻게 했다. 그러면 이번 후쿠시마 원전사고를 어떻게 활용할 것인지를 깊이 고민해 볼 필요가 있다. 바로 위기를 기회로 바꾸어야 하는 것이다. 필자는 수출의 꿈을 한 단계 높일 수 있는 절호의 기회로 삼아야 한다고 감히 말하고 싶다.

우리가 원자력 기술 자립의 꿈을 달성할 수 있었던 것은 무엇보다도 국가의 아낌없는 지원을 체계적으로 해 준 결과에서 그 답을 찾아야 한다. 예산의 국가 지원이 무엇보다 기본이 되었다. 그리고 가장 어려운 기술인 원자로 계통 설계 및 핵연료 관련 기술을 포함해 주변 기술을 국내 업체들이 사전에 어떻게 참여할 것인지의 참여 범위를 교통 정리해 업체 간의 힘겨루기를 사전에 방지할 수 있게 한 것이다. 원자력 발전 기술을 종합하는 것이 쉽지는 않지만 한국전력공사는 관련 업체 간의 연계 업무를 훌륭하게 해 주는 사업관리를 잘 이행했다. 이러한 여건에서 대한민국의 과학기술자들은 국가관과 사명감을 갖고 기술 자립의 목표를 완성할 수 있었던 것이다. 최근에 일부 인사가 기관 간의 업무 영역을 두고 수의계약으로 몰아 비판하고 있으나 이는 선후를 잘 모르는 본인 위주의 주장으로밖에 볼 수 없다.

95%의 기술 자립, 원자력 기술의 마지막 남은 5%의 기술은 국제 동향에 따라 급격히 발전하는 분야일 수 있다. 예를 들면 계측제어 분야가 대표적인 경우이다. 어렵게 기술 자립을 하고 현장에 접목하기에는 시간이 많이 걸릴 뿐 아니라 개발하는 경비가 너무 많아 통째로 구매하는 것이 옳을 때가 있기 때문이다. 그러나 전체의 기술을 가지지 못하면 적어도 결정적인 때가 올 수도 있다는 것이다. 기술 횡포가 있을 수 있다는 말이다. 따라서 한국은 나머지 부분의 국산화도 가능한 한 빨리 이행할 것을 다짐해 왔다. 올해가 2012년으로 바로 완벽한 기술의 자립을 이룰 수 있는 때이다. 그동안 안전성 분석 코드와 핵연료 설계 코드 전산 프로그램을 관련 기관이 연구해 해외에 의존하지 않아도 되는 원천 기술을 확보한 것이다. 그러나 한국 규제기관의 승인까지는 시간이 조금 더 걸릴 것으로 판단되지만 향후 원자력 산업 추진에는 큰 영향이 없을 것이다.

아랍에미리트(UAE)에 처녀 수출한 원자력발전소 4기는 총 200억 달러이다. 세계에서 가장 우수한 기술이기도 하지만 한편 가장 저렴한 원전이 될 수 있다. 솔직히 말해 가격경쟁력에서 매우 힘겨운 협상을 할 수밖에 없었기 때문이다. 우리로서는 무엇보다도 첫 수출 경험이 필요했다. 결국 우리의 기술이 이긴 것이며, 이를 우리 국민은 영원히 잊지 못할 것이다. 1978년도 고리 1호기의 건설이 완공된 이래 만 29년 만에 이룬 쾌거였다. 한국의 표준 기술을 바탕으로 한국은 세계의 여러 곳으로 수출의 길을 열어야 한다. 한국의 원전 가동률이 세계에서 가장 높기 때문에 관심이 있는 국가들은 매우 적극적으로 한국의 기술을 노크하고 있는 것이다.

정부는 2030년까지 해외 신규 원전 건설시장에 적어도 20% 이상을 점유한다는 계획을 세우고 해외 진출을 강화할 계획이다. 이를 달성하기 위해 한국은 우선 국내 원전의 안전성의 향상과 함께 신뢰성 있고 안정적인 전력 공급 체제를 만들어 나가야 한다. 현재 건설 막바지에 있는 신고리 3, 4호기의 성공적인 완공과 운전이 향후 한국의 원전 수출의 디딤돌이 될 것이다. 바로 이 건설 공정이 바로 경제성의 척도가 될 수 있고, 제3세대 원전의 시작이며 해외 수출상품으로 대표성을 띠게 될 것이기 때문이다.

차세대 원전 기술 개발

현재 원전의 열중성자 원자로로서 가장 최신의 기술이 제3세대 원전이다. 이 원자로 노형으로 지속되면 향후 50여 년이면 핵연료 역시 고갈될 수밖에 없다. 따라서 원전을 보유한 세계 선진국들은 이에 대한 대책을 수립하지 않을 수 없게 되었다. 바로 제4세대 원전 개발이다. 제4세대 원전은 우라늄의 재활용을 전제로 현재의 이용률보다 약 100배를 상승시킬 수 있다. 그뿐만 아니라 고준위 방사성 폐기물의 양을 획기적으로 줄일 수 있다. 또한 안전성과 핵확산 방지의 목적을 달성하는 데 매우 용이하다. 이의 공동 연구에 우리나라를 포함해 13개국이 공동 참여하고 있는데 나라마다 각기 다른 노형에 관심을 갖고 있다. 우리나라는 소듐냉각원자로(SFR), 초고온 가스로(VHTR)의 기본 설계에 한국원자력연구원이 중심이 되어 참여하고 있다.

한국원자력연구원 전경

한국이 참여하고 개발하려는 고속로는 소듐을 냉각재로 사용하고 경수로에 비해 고에너지의 중성자를 이용해 핵분열을 일으키며 이의 열을 이용해 발전하는 것이다. 고속로는 연료 증식과 고(高)방사성 독성물질을 효과적으로 연소시키는 장점을 갖고 있고, 이미 한국원자력연구원에서 국제 공동 연구를 추진 중이다. 특히 사용후 핵연료의 재활용에 초점을 맞추어 파이로 공정을 거쳐 고속로 핵연료로 사용할 수 있도록 연구가 진행되고 있다. 전 세계의 고속로 개발 현황은 한마디로 초기 단계이다. 대체로 2030년을 실용화 목표를 세워 추진 중이지만 프랑스는 2020년을 목표로 추진 중이다. 일본은 2025년을 목표로 추진해 왔지만 지난 후쿠시마 원전사고에 영향을 받아 향후 상당한 변화가 예상된다. 이 분야에서 가장 적극적이고 앞서가는 국가는 인도와 러시아이다. 한국은 1997년부터 소듐 냉각 고속로의 핵심 기반 기술 과제를 추진했고, 이와 연계해 국제 공동 연구에 참여하고 있다. 이미 600MW의 고속로 개념 설계를 완성한 바 있으며 2017년까지 SFR 실증시험을 완료한다는 계획인데 고속로 핵연료인 파이로 공정 일정과 연계해야 한다.

또 다른 제4세대 원자로인 초고온 가스로를 들 수 있다. 초고온 원자로이므로 수소 생산 목적의 원자로라고 할 수 있다. 수소는 물에서 무궁무진하게 생산할 수 있다. 약 950℃의 고온의 열을 이용해 물을 화학적으로 분해하여 대량의 수소를 안전하고 깨끗하며 경제적으로 생산할 수 있다는 것이다. 수소 생산뿐 아니라 고온을 필요로 하는 합성 연료와 공정열(process heat) 공급 등 다목적 활용이 가능하다. 한국은 이미 2006년부터 정부 과제로 기술 개발에 착수한 바 있으며, 원자로 계통 개발은 한국원자력연구원, 수소 생산 및 이용 기술 개발은 한국에너지기술연구원과

국내 기술로 개발한 SMART 원자로

KAIST 등 여러 기관이 업무 분담을 하여 이를 추진하고 있다.

제4세대 원전뿐 아니라 한국, 미국 프랑스, 러시아 등에서 개발 중인 중소형 원자로 기술 개발이 관심 사항으로 떠오르고 있다. 원전 도입을 희망하는 국가들이 자국의 전력망 사정에 따라 대형 원전 도입이 불가능한 국가는 경제성에 손해를 보더라도 어차피 전력망에 맞는 중소형 원전을 택할 수밖에 없다. 전력뿐 아니라 열 에너지를 이용, 해수 담수화에 원자로를 사용할 수 있다. 한국의 SMART 원자로는 전력 생산 및 열을 이용하는 다목적 원자로이다. 열 출력 330MW, 전기 출력 100MW의 모듈형으로 되어 있어 수요에 따라 확장이 가능하다. 대부분의 원자력 시설은 건설 운영되고 있는 실증 시설이 필요하므로 이에 대한 대책이 수립되어야 할 것이다. UAE에 수출한 APR1400모델에 대해서는 건설 중인 신고리 3, 4호기가 그 역할을 했다. 최근 SMART 설계는 정부 규제기관으로부터 안전 관련 설계 인증을 받았는데, 이는 종전에 우리나라가 외국의 기술을 전수받아 기술 자립을 완성한 기존 한국 표준원전에 못지않은 한국원자력연구원이 이루어낸 기술 개발의 쾌거라 할 것이다.

부록

주요 질문을 중심으로 한 20문 20답

■ 세계 에너지 환경과 우리나라의 에너지 사정

문 1: 우리나라는 에너지 자원 빈국입니다. 우리나라의 에너지 공급과 수요 사정은 어떠하며 해외에 얼마만큼 에너지를 의존하고 있는지요? 그리고 이러한 문제를 해결하기 위한 방안은 무엇인지요?

부존자원이 전무하다시피 한 한국은 외국 수입 에너지에 거의 의존하고 있습니다. 에너지 소비 형태를 대별하면 석유 의존도가 38.6%로 가장 높고, 다음이 석탄, 가스, 원자력 순입니다. 수력, 풍력, 태양광 발전 등 신재생 에너지는 전체의 2.6%에 불과합니다. 이러한 에너지 소비 형태에 에너지 공급의 96.5%를 외국에 의존하고 있습니다. 특히 한국은 세계 에너지 다(多)소비국 중 10위에 속하며 석유 소비에서는 7번째 국가입니다. 더욱이 석유 수입의 87.1%를 중동에 의존하는 실정이라 중동 사태가 불안하면 우리의 에너지 안보 전략에 어려움을 주곤 합니다. 이로 인해 2011년의 경우, 총 수입액의 3분의 1에 육박하는 1,720억 달러를 에

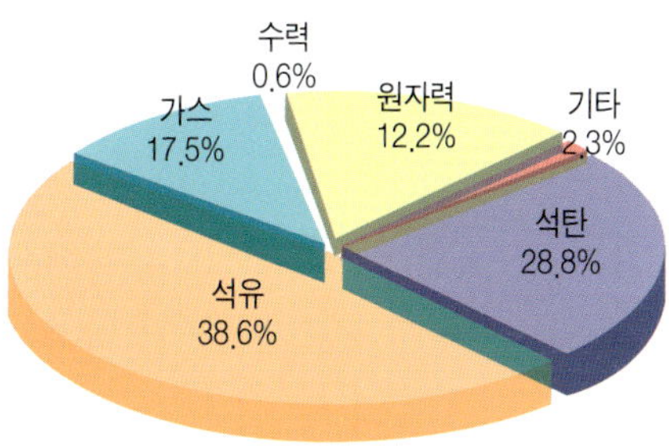

2011년의 총 에너지 소비
(271.3백만TOE)

세계 속의 한국은
- 제10대 에너지 소비국
- 제7대 석유 소비국
- 외국 에너지 의존도: 96.5%
- 에너지 수입 비용: 1,713억 달러
- 수입비용 중 에너지 비용: 32.7%
- 중동 석유 의존도: 87.1%

출처: 한국에너지경제연구원(2012).

너지 수입에 지불하고 있습니다. 국산 에너지라 할 수 있는 수력 시설 용량은 2%이지만 강수량이 적어 농사 및 식수로 사용하기 때문에 전체 전력 생산은 1%를 넘기지 못하고 있습니다. 신재생 에너지는 수력을 포함해 2.6%에 불과하며 향후 2030년에 11%를 달성하려는 목표를 세워놓고 있습니다.

그나마 한국은 원전을 꾸준히 추진해 기술 개발에 따른 새로운 원전 기술을 도입해 해외 의존도를 최대한 줄이고 있습니다. 물론 원전에 사용되는 핵연료를 외국에 수입하지만 전체 전기료의 10%에 불과해 전체 적으로는 외화 지불에 부담이 없습니다. 예를 들면 kWh당 전력 생산 원가는 49원이므로 10%인 4원 정도를 해외에 지불하고 있습니다. 그러나 화석 발전의 경우 발전 생산 원가도 원전에 비해 크게 높으며 적어도 발전 원가의 60% 이상은 연료비로 외화를 지불해야 합니다.

현재는 원전에 의한 전력 공급이 약 30%에 불과하지만 이 역시 한국의 전력 원가를 세계 어느 국가보다 낮게 만든 원인이 되었고, 외국에 수출 상품의 경쟁력을 높이게 되었던 것입니다. 따라서 저탄소 에너지원인 신재생 에너지의 기술 개발로 경쟁력을 확보하기까지는 당분간 원자력의 역할에 기대를 걸 수밖에 없다고 하겠습니다. 원자력 개발은 국내 원전 건설뿐 아니라 해외 수출 동력으로 그 역할이 확대되어야 할 것입니다.

문 2: 에너지 자원이 거의 없는 한국의 경우, 화석연료 대신 저탄소 에너지원인 원자력을 지속적으로 추진하고 있는데, 이를 신재생 에너지로 대체할 수는 없을까요?

신재생 에너지로는 풍력, 태양력, 수력 등이 있습니다. 신재생 에너지는 환경면에서 이산화탄소 배출이 적어 우수한 에너지원입니다. 다만 기술적인 문제와 지역적인 조건에서 한계가 있습니다. 태양광은 흐린 날이나 밤에는 발전이 불가능하며 풍력은 바람이 불지 않으면 이용이 불가능합니다. 발전소 이용 효율을 보면 원자력은 현재 90%를 상회하고 있지만 풍력, 태양광 발전 등은 지속적인 발전이 되지 않는 간헐적인 특성을 가지기 때문에 가동률이 10~20%에 불과합니다. 따라서 지속적인 발전이 어렵고 대용량의 전력을 공급하는 데 제한이 있습니다. 우리나라에서 수력은 개발 잠재력 측면에서 더 이상 개발될 여지가 별로 없어 보입니다.

현재의 기술 수준과 지역적 조건을 고려하면 신재생 에너지 가격은 원자력에 비해 풍력은 약 3배, 태양광 발전은 16배나 비쌉니다. 또한 넓은 부지가 필요해 국토가 좁은 한국에서는 어려움을 줍니다. 원자력과 동일한 전력을 생산할 경우 태양광 발전은 110배, 풍력은 500배의 부지가 필요하게 됩니다. 또한 태양광 발전 및 풍력은 향후 기술 개발에 따라 경제성이 개선될 것으로 판단되나 태양광의 일조량과 풍력의 바람의 질에 대한 것은 나라마다 다른데 우리나라의 경우는 별로 좋은 조건이 아닌 것으로 평가되고 있습니다. 이 분야의 기발 개발 과제는 한국뿐만 아니라 세계의 공통된 숙제이기도 합니다.

이러한 조건임에도 불구하고 우리 정부는 신재생 에너지 개발에 연간 9,000억 원 이상의 막대한 투자계획을 가지고 있으며, 향후 2030년까지 신재생 에너지의 비율을 더욱 상향시킨다는 계획을 가지고 있습니다. 목표를 달성하기 위해 공공기관에서는 신재생 에너지 설비 설치를 의무화하고 있습니다. 우리나라가 이산화탄소 배출 국가 중 상위를 기록하고 있기 때문에 저탄소 에너지원인 신재생 에너지 개발은 피할 수 없는 선택이 되고 있습니다. 신재생 에너지 개발과 함께 당장은 원자력을 이용한 저탄소 방출과 탄소 배출 완화에 그 역할이 있다고 할 수 있습니다.

문 3: 석유 등 화석연료 사용에 따른 온실가스 발생은 지구환경을 오염시키고 있습니다. 그런데 원전 개발이 환경의 공해 문제 해결사인 듯 선전하고 있으나 실제로는 온실가스를 막을 수 없다고 보는데 그 견해는 어떻습니까?

세계는 지금 지구온난화와 환경 문제에 큰 관심을 가지고 있습니다. 국제협약인 기후변화협약이 공식적으로 2005년에 발효되었으며, UN 산하에 당사국회의(Intergovernmental Panel on Climate Change: IPCC)가 구성되어 온실가스 규제를 관리하고 있습니다. 전문가를 두고 있는 IPCC는 2050년까지 지구 온도를 2℃ 이하로 관리하겠다는 조건에서 온실가스를 450ppm 이내로 대기에 방출한다는 목표를 세우고 이를 추진하고 있습니다. 세계가 이 목표에 대해서는 모두 동의하고 있지만 세부적인 행동지침에는 이견이 있어 완전 합의가 이루어지지 않고 있는 것입니다. 개발도상국은 선진국이 그동안 더 많은 온실가스를 배출해 왔기 때문에 더

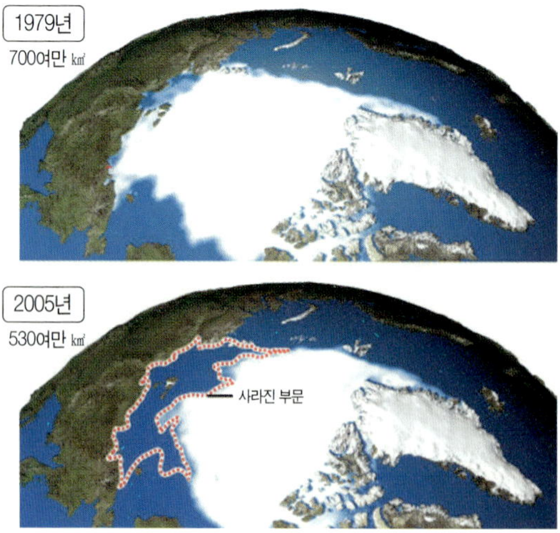

북극의 빙하가
사라지고 있어요…

많은 책임이 있다고 주장합니다.

다행히 한국은 현재 규제 대상은 아니지만 곧 탄소 거래에 자유롭지 못하게 되어 있습니다. 이미 국회에서 탄소 배출 제도에 대한 입법화가 이루어졌고, 이에 대한 시행령을 준비 중에 있습니다. 그렇지만 정부는 이미 이에 대한 준비를 나름대로 추진해 온 것이나 다름없다고 하겠습니다. 바로 저탄소 녹색성장의 기조를 강력하게 추진하고 있습니다. 즉, 국가의 연구개발비 지원으로 2030년까지 신재생 에너지의 비중을 크게 높인다는 것이며, 한편으로는 원자력 비중을 현재에서 더욱 높여 59%까지 확상해 나가겠다는 것입니다. 현재 운전 중인 원전 23기에 15기를 더 건설해 38기의 원전을 운영할 예정입니다.

만일 한국의 원전을 석탄 발전으로 대체할 경우, 2011년 원전 발전량은 1,547억kWh입니다. 같은 양을 석탄 화력에서 발전한다고 가정하면 1억 3,775억 톤의 이산화탄소를 발생하게 됩니다. 앞으로 탄소 배출 비용을 감안하면 2조 8,790억 원의 비용이 발생하는 결과입니다.

■ 원전 건설 및 운영

문 4: 1978년의 고리 1호기 원자력발전소를 건설한 이후 우리나라는 지속적으로 원전을 건설하고 있습니다. 원자력 발전의 역할에는 어떤 것이 있나요?

제일 먼저 원자력은 깨끗한 에너지임을 강조하고 싶습니다. 석유, 석탄, 가스 등 화석연료는 연소 중에 막대한 이산화탄소를 발생하게 됩니다. 이로 인해 지구환경을 극도로 오염시켜 지구의 기후 변화를 가져왔

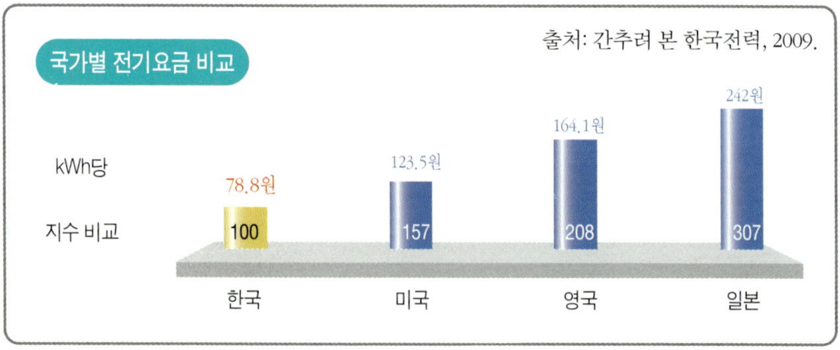

습니다. 이러한 상태를 방치하면 지금도 그러하지만 후손에게 엄청난 재앙을 맞게 할 수 있습니다. 절대적으로 온실가스 방출을 완화해야 하는 책임이 바로 우리에게 있습니다. 원자력은 연소에 의해 에너지를 이용하는 것이 아니라 핵분열에 의해 에너지를 생산하기 때문에 온실가스를 방출하지 않는 깨끗한 에너지입니다.

두 번째로 원자력은 에너지 안보에 크게 기여하고 있습니다. 우리는 에너지 빈국입니다. 그러니 경제 개발에 따라 석유, 석탄 및 가스를 도입할 수밖에 없었던 것입니다. 마침 1970년대 두 번의 석유 파동을 거치면서 한국 정부는 탈(脫)석유 정책을 견지하게 되었습니다. 그 대안이 원전 도입이었습니다. 원전은 한 번 핵연료를 장전하면 1년 반은 그냥 연료 교

체 없이 전력을 생산할 수 있습니다. 석유 파동이 몇 번 발생했고 이후에도 일어났지만 우리나라는 크게 동요 없이 그리고 전기료의 상승 없이 산업 발전을 이룰 수 있었습니다. 우리나라의 전기료가 주요국에 비해 가장 저렴합니다.

세 번째로 원자력은 에너지 밀도가 아주 높아 우리에게 이점이 많습니다. 우라늄 1킬로그램은 석탄 3,000톤과 동일한 에너지를 발생합니다. 우선 수송에 따른 어려운 점이 없습니다. 석탄, 석유 및 가스는 먼 곳에서 수송되며, 특히 수송 안보에 어려운 점이 발생합니다. 이뿐만 아니라 연료를 저장하는 시설이 간편하지만 화석연료는 막대한 저장고 및 장소가 필요합니다.

네 번째로 원자력은 전력 생산 단가에서 가장 값싼 에너지입니다. 우리나라의 전기요금은 2010년 기준 kWh당 86.1원이었습니다. 이를 전력원별로 보면 원자력은 39원이며, 수력 136원, 유연탄 67원, 가스 142원, 석유 226원, 풍력 101원, 태양광 발전 436원으로 원자력이 가장 저렴합니다. 결국 값싼 원자력 요금이 전체에 영향을 미쳐 다른 어느 국가보다 저렴한 전기요금을 우리가 지불하고 있는 것입니다. 이는 해외 수출 공산품의 경쟁력을 높이는 결과를 이끌고 있습니다.

원자력은 여러 가지 특성과 장점이 많지만 한 가지만 더 설명하겠습니다. 우리나라는 1959년도 최초의 연구용 원자로를 도입한 이래 지속적으로 발전해 이제 원자력 기술의 선진국이 되었습니다. 즉, 한국의 원전 기술은 어느 국가 못지않게 안정성이 뛰어나고 가동률이 높습니다. 스스로 원전 기술을 가진 국가는 한국을 포함해 6~7국에 불과합니다. 우리나라는 가장 우수한 원전을 보유하고 있으며 이 기술을 해외에 수출하고자 하는 것입니다. 이미 2009년 말 아랍에미리트(UAE)에 4기의 200억 달러 상당의 원자력 기술을 수출했습니다. 간접적인 지원 업무까지 고려하면 이의 2배는 될 것으로 그만큼 원자력은 기술 지향적으로 부가가치가 큰 사업입니다. 한국의 미래 수출 동력 산업으로 자리 잡게 될 것으로 판단됩니다.

문 5: 고리 1호기와 같이 원자력발전소를 장기 운전하면 고장률이 높아지고 성능이 저하될 수도 있다는 주장을 많이 합니다. 또한 최근의 전원 상실로 냉각 계통 작동 정지에 따른 내부 보고의 절차 미(未)이행에 대한 내용도 궁금합니다.

원자력발전소 설계 시에 장기 운전에 따른 기기 노후화를 고려해 안전하게 운전될 수 있도록 설계에 반영하고 있습니다. 정기적인 검사를 실시해 이상이 있을 경우 부품이나 기기를 교체하거나 정비하게 하여 항상 건전한 상태로 유지하도록 합니다. 실제 고리 1호기는 1978년 상업 운전을 하면서 세 번에 걸쳐 연속 무사고 운전 기록을 세우기도 했습니다. 오래 되면 불시 오작동 증상이 있을 수 있지만 이는 한국뿐 아니라 미국 등 외국에서도 비슷한 경향입니다. 이러한 경향을 해결하기 위해 연구개발 등 다양한 대책으로 불시 정지 횟수를 줄일 수 있습니다.

원전의 성능이나 운영 기술을 말할 때 척도가 되는 것은 가동률입니다. 가동률이란 발전소가 일정 기간 동안 전 출력으로 계속 발전을 했을 때를 100%로 보고 이에 대한 실제 운전 실적을 비교한 것입니다. 고리 1호기는 1980년대 중반까지 60%선에 머물렀으나 그 이후 상승해 80% 후반 또는 90%의 가동률을 기록하고 있습니다. 이는 앞서 언급한 대로 정비를 통해 새로운 기술의 부품이나 기기를 교체해 건전한 상태로 유지시킬 수 있었던 결과로 판단됩니다. 고리 1호기는 수명인 30년을 지나 수명 연장 10년을 승인받아 운전 중에 있습니다.

이러한 가운데 고리 1호기에 근무하는 일부 관리자의 매끄럽지 못한 절차 불이행으로 한때 재가동에 어려운 점이 있었지만 이는 안전상의 문제점이라기보다는 절차를 규정대로 이행하지 못한 결과에 따른 것으로 이해됩니다. 조금 더 설명하면 2012년 2월, 당시 원자로를 정지하고 연료를 교체하면서 정비하는 기간이었습니다. 외부 전원이 상실되면 바로 비상 발전기에 의해 비상 발전이 공급되도록 되어 있습니다. 그런데 마침 비상 발전기가 고장이 난 상태로 바로 작동이 되지 않아 전기가 재가동된 12분 동안 냉각 펌프가 작동되지 않았던 것입니다. 펌프 작동이 안 된 그 시간은 시스템에 아무런 문제를 일으키지는 않았지만 이러한 사건은 바로 상부에 보고해야 하고, 한편으로 적절한 대책을 수립하도록 절차에 규정되어 있습니다. 그러나 해당 관리자는 규정에 따라 즉각 보고하지 않았는데 그 절차를 지키지 않았던 그 자체가 문제점으로 대두되어 개인적으로 엄중한 문책이 뒤따른 사건이었습니다. 결코 바람직하지 않은 이러한 사건은 다시는 발생하지 않아야 할 것입니다.

문 6: 한국의 원전 가동률은 미국과 함께 세계 최고로 기록되고 있습니다. 2000년에 들어오면서 90%를 상회하고 있는데 이는 무리한 정비 또는 무리한 운전으로 안전성에 영향을 줄 수 있다는 얘기가 있습니다.

원전 가동률은 발전 설비의 효율적인 운영 능력을 나타내는 지표로서 최대 발전 가능량에 대해 실제 생산된 발전량의 백분율을 의미합니다. 이는 원전의 운영 기술 수준, 운영요원의 우수성이 일차적으로 중요하지만 또한 핵연료의 건전성이 큰 요인이 될 수 있습니다. 원자력 발전의 가동률이 높다는 것은 여러 가지 관점이 복합적으로 이루어진 결과라 할 수 있습니다. 특히 미국과 한국은 그동안 운전 중인 원전에도 투자를 게

울리하지 않은 국가로 알려지고 있습니다. 특히 한국은 신규 원전 건설을 지속적으로 추진해 와 새로운 원전에 채택되고 있는 좋은 장점은 운전 중인 원전에도 접목시켜 왔습니다. 또한 새로운 핵연료 설계를 채택해 한국 모델을 개발한 PLUS7TM 및 ACE7TM 핵연료는 우수한 연소도를 달성해 가동률을 높이는 데 한몫 하고 있는 것으로 평가되고 있습니다. 외국에서 한국의 높은 가동률 실적을 높이 평가하고 핵연료 구매를 제의해 오고 있습니다.

문 7: 경제성 측면에서 원자력이 화력 발전보다 유리하다는 보도가 있지만 실제로는 방사성 폐기물 관리 및 처분, 원자로 폐기 등의 비용이 제대로 책정되지 않아 그런 것이며 더 비싸다는 논리가 있습니다.

경제성 조건은 나라마다 그 나라의 여건에 따라 달라집니다. 이런 주장은 미국 등 외국에서 가끔 듣는 이야기입니다만 그것은 원자력 반대 단체에서 주장하고 있는 것입니다. 그들의 주장은 대체로 이러합니다. 전력별 경제성 분석에서 원자력의 경우 해당되는 사항이 충분히 고려되지 않고 있다고 말합니다. 예를 들면 핵연료 채광에서 변환, 우라늄 농축 과정에서 발생할 수 있는 이산화탄소 발생량을 간과했고, 거대한 원자로 건물 및 격납용기 건물을 구축하는 데 오염된 이 구축물의 폐기와 관련된 비용 등이 적절하게 포함되어 있지 않다고 주장하는 겁니다. 또한 추가로 폐기되는 사용후 핵연료 등 방사성 폐기물 처리 처분비용이 턱없이 적게 산정되었다고 주장합니다.

다른 나라에서의 근거는 정확히 알 수는 없으나 적어도 우리나라의 경우는 그러하지 않음을 설명하고자 합니다. 우선 한국은 핵연료의 채광, 정련, 변환 및 농축 공정에 직접 참여하지 않고 농축된 우라늄을 구매해 이를 핵연료로 가공하고 있습니다. 따라서 농축 우라늄을 구매하는 우리로서는 판매 농축 우라늄 구매비용에 채광, 정련, 변환 등 일련의 경비가 모두 당연히 포함된 것으로 이해하고 있습니다. 현재 우리나라의 농축 우라늄 구매선은 미국을 비롯해 프랑스, 러시아 및 다국적 기업인 URENCO 등입니다. 이들 업체와 경쟁을 통해 수입하게 됩니다.

다음은 원전의 폐기입니다. 사실 한국은 아직 상용 원전을 폐기(폐로)한 경우가 아직 없습니다. 외국의 경우, 제1세대 원전인 미국의 시핑 포트(Shipping Port), 드레스덴(Dresden) 그리고 영국의 콜더 홀(Calder Hall) 원전 등 가스냉각 원자로의 폐로가 진행되고 있습니다. 우리는 연구로의 폐로를 경험한 바 있고 외국의 경험을 참고해 방사성 폐기물에 대한 경비를 산정해 이를 전력 생산 단가에 포함하고 있으며 이를 기금으로 적립하고 있습니다.

고준위 방사성 폐기물로 분류되는 사용후 핵연료의 처리는 쉽지 않은 과정이지만 세계는 두 가지 방향으로 가고 있습니다. 하나는 방사성 폐기물로 보고 바로 처분하는 것이며, 에너지 효율을 제고한다는 측면에서 사용후 핵연료를 재활용하는 방향입니다. 우리나라는 아직 정부의 정책이 확정되지 않았지만 에너지 자원이 없는 여건을 고려하여 재활용 방향으로 가야 할 것입니다. 어떻든 사용후 핵연료 처리 처분에 대한 경비를 또한 전기요금의 일부분으로 보고 기금으로 적립하고 있습니다. 이 기금이 현실적으로 적고 많음은 현재로서는 완벽하게 확정할 수 없으며, 이는 국가정책에 확정되고 난 뒤 재평가될 수 있을 것으로 봅니다.

따라서 현재 한전에서 발표되고 있는 원자력 및 다른 화력 발전과의 원가분석은 충분히 신뢰성이 있다고 봅니다. 만일 화력 발전의 발전 생산 원가가 실제보다 비싸다면 여러 발전회사가 이를 지켜보고 있을 리 만무합니다.

문 8: 원전 주변은 냉각수 배출의 온배수로 인해 해조류가 감소하며 양식을 할 수 없다는데, 그 사정을 알고 싶습니다.

원자력발전소의 냉각수로 사용된 해수는 취수 때보다 약 7~8℃ 높아지지만 배구수를 빠져나간 온배수는 바다 밖으로 퍼져 나가면서 급속히 냉각되어 해역에 따라 약간의 차이는 있지만 시간이 경과함에 따라 주위의 해수 온도와 거의 같아집니다. 해조류의 경우 출현 종수와 현존량 분포가 연도별로 불규칙하게 나타나고 있으나, 온배수와 관계가 없는 비교해역의 조사 결과와 유사한 경향을 나타내고 있어 원전 주변만이 온배수 영향으로 해조류 감소가 있다고 보기에는 어려운 상황입니다. 참고로 후쿠시마 원전에서 지자체와 공동으로 20년간 온배수가 주변 환경에 미치는 영향을 조사한 결과에 따르면 온배수가 주변 생태계에 별다른 영향을 주지 않는 것으로 조사되어 있고, 총 어획량 조사 결과는 오히려 증가한 것으로 보고되고 있습니다.

100만kW급 원전에서 발생되는 온배수의 양은 초당 50입방미터로 화력 발전보다 조금 많습니다. 이를 재활용해 자원으로 사용하기도 하는데, 수산 생물 양식, 지역 난방, 온실 난방 등에도 사용할 수 있습니다. 어류의 성장과 수온의 관계를 연구한 바에 의하면 일반적으로 수온이 상승할 경우, 성장이 촉진되며 산란 시기가 빨라지고 어란(魚卵)이 부화하는데 필요한 시간 단축이 되는 등 장점이 많은 것으로 조사되었습니다.

결론적으로 원전에서 방출되는 온배수 때문에 주변 해역에서 산소 고갈 현상이 발생하거나 해양생물의 성장이 저해받는 일은 거의 없는 것으로 보고되고 있고, 가끔 출현 생물량의 변화가 있는 것은 원전뿐 아니라 국내의 다른 해역에서도 공통적으로 나타나는 현상이라고 말할 수 있습니다.

문 9: 세계 및 한국의 원자력 기술은 어느 정도이며, 향후 원자력의 미래에 대해 설명해 주시기 바랍니다.

원자력 발전 기술은 1950년대에 제1세대의 원전이 건설되었는데, 이 발전소는 거의 퇴역하는 단계에 있습니다. 우리나라는 고리 1호기가 1978년에 완공되었는데 이는 제2세대의 원전 기술로 정의되고 있습니다. 미국의 경우, 대부분의 제2세대 원전을 20년간 수명 연장해 총 60년 운전을 승인하고 있습니다. 규제기관(NRC)은 이미 60기의 원전에 대해 승인 완료했으며 심사 중인 원전은 21기에 해당됩니다. 미국뿐만 아니라 프랑스 등 서구에서도 수명 연장을 추진 중에 있습니다. 프랑스는 매 10년간 연장하는 규제 절차를 따르고 있습니다.

한편 수명 기간을 아예 60년으로, 그리고 지진에 견디는 내진 등급을 높이며 피동 안전성을 강화한 제3세대 원전이 최근에 건설되고 있습니다. 미국의 AP1000, 프랑스의 EPR(유럽형 표준 원전), 한국의 APR1400 등이 대표적인 제3세대 가압경수로 원전입니다. AP1000은 미국뿐 아니라 중국에 진출, 건설 중에 있고 영국 및 인도와 상담하고 있습니다. EPR은 핀란드를 시작으로 프랑스와 중국에 진출 중에 있으며 영국에도 건설 예정에 있습니다. 한국의 APR1400은 신고리 3, 4호기, 신울진 1, 2호기가 건설 중에 있으며, UAE에 처음으로 수출된 원자로가 바로 이 노형입니다.

그러나 제3세대 원전은 신기술로 개발되기는 했지만 열중성자를 이용하는 원자로로서 핵연료 이용 효율이 낮아 현재의 상태로 세계 우라늄 자원을 약 50~70년 정도 사용하면 고갈될 것으로 추정됩니다. 따라서 우리나라를 포함해 원자력 선진국들은 소위 제4세대 기술인 고속로를 개발하고 있습니다. 이 고속로는 우라늄 자원을 재활용할 수 있어 현재의 이용 효율보다 약 80~100배를 늘릴 수 있어 자원 활용의 문제점을 근본적으로 해결할 수 있다고 할 수 있습니다. 상용 목표는 2030년으로 잡고 있으나 프랑스는 이 일정보다 앞당긴다는 계획을 갖고 있습니다.

문 10: 우리나라에서 원전은 에너지 안보에서 선택이 아니라 필수입니다만 일부 의견은 원자력 대신에 신재생 에너지 등 다른 에너지원으로 정책을 수정할 것을 주장하기도 합니다. 만일 탈(脫)원전으로 갈 경우 어떤 문제가 있나요?

원전은 유가 폭등이나 전력 수급 불안 등 대외 에너지 충격에 가장 안정적인 버팀목입니다. 석유나 가스 가격은 국제 정세 변화 등에 민감하게 반응할 수밖에 없어 변동 폭이 큰 반면, 원전은 우라늄 연료 비중이 전체 생산 단가의 10%이기 때문에 가격 변동에도 안정적인 에너지원입니다.

2011년 기준 우리나라의 원전 발전량은 1,547억kWh로서 이와 동일한 발전량을 석탄 발전을 했을 경우, 8조 2,400억 원, 석유 발전으로 하면 27조 5,600억 원, 가스 발전을 하게 되면, 14조 7,700억 원의 수입 대체 효과를 갖는 것으로 계산됩니다. 또한 한국은 원자력 기술을 보유한 국가로서 국내의 원전 건설은 물론 해외 수출의 길을 넓혀 나갈 수 있습니다.

또한 원전은 준(準)국산 에너지라 할 수 있습니다. 전체 생산 단가의 10%인 핵연료의 원료 구매만을 외국에 의존하고 있기 때문에 그렇게 말할 수 있습니다. 현재 에너지 공급의 96%를 외국에 의존하고 있지만 전체 에너지의 14%인 원자력을 준국산 에너지라 분류하면 우리의 해외 의존도는 그만큼 낮아집니다.

일부 의견이지만 우리도 일본처럼 원전 가동을 멈출 수 없는지를 주장하는 분들도 있습니다. 운전 중인 원전을 중지하고 철저하게 검사를 받고 있는 일본은 현재 전력난이 심각합니다. 또한 화석연료 수입액이 전년 대비 43조 엔이나 증가했고, 이로 인해 일본의 수지는 31년 만에 적자로 돌아섰으며, 기업하는 환경이 적절하지 못해 국내 기업이 해외로 빠져나가고 있는 실정입니다. 특히 전력 공급에서 일본은 산업시설 공급률이 28.9%이지만 한국은 49.1%로 상대적으로 매우 높습니다. 2010년의 경우 우리나라의 대외 경제의존도는 일본의 3배 수준입니다. 이러한 여건에서 가장 경제적인 원진을 정지할 경우 한국 경제는 일본 경제보다 영향이 몇 배나 크게 나타나 경제가 곤두박질칠 것이 분명합니다. 전력의 31% 이상을 공급하고 있는 한국에서 원전 중단은 있을 수 없는 일입니다. 일본 역시 탈원전 정책을 포기하고 향후 더욱 검토하기로 했으며 건설 예정인 신규 원전을 건설하기로 결정했습니다.

■ 원전의 안전성

문 11: 일본 후쿠시마 원전사고를 보면서 한국의 원전에 유사한 사고가 발생하지 않을까 염려됩니다. 특히 후쿠시마 원전사고와 동일한 조건이 한국에 발생하면 어떻게 될까요?

한국의 원전은 일본 후쿠시마 원전과 같은 원자로형이 아닙니다. 후쿠시마 원전은 비등경수로인데 비해 우리나라는 가압경수로입니다. 가압경수로는 원자로 내에서 물을 끓이는 방식이 아니고 별도의 열교환기에서 증기를 발생시켜 발전하는 방식입니다. 따라서 냉각 기능의 작동을 위한 펌프 전원이 상실된다 하더라도 바로 물이 끓을 수 없습니다. 또한 원자로 건물의 체적이 일본의 후쿠시마 원전보다 5배나 크기 때문에 안전 여유도가 높아 수소 폭발의 가능성이 거의 없습니다. 만일을 위해 설치된 수소 제거 장치는 무전원에서도 작동할 수 있는 피동 수소 제거장치(PAR)이므로 만일 수소가 발생한다 하더라도 수소를 제거할 수 있습니다. 우리나라는 운전 중인 발전소도 2013년까지 무전원 PAR를 설치하게 됩니다.

원자로 냉각 기능 상실에 따라 TMI 원전에서 핵연료의 용융사고가 발생한 적이 있습니다. 이 원자로는 한국의 원전과 동일한 원자로형입니다. 체르노빌, 후쿠시마 등과 같은 핵연료가 녹아내리는 중대사고가 발생해 원전 자체는 폐기되었지만 방사성물질 및 방사선의 외부 누출이 거의 없어 환경과 인체에 영향을 미치지 않았던 것입니다. 우리 원전과 동일한 노형인 TMI 원전은 안전성이 월등했다고 할 수 있으며, 더욱이 한국은 TMI 사고에 따른 중대사고 후속 대책을 수용했기 때문에 더욱 안전성이 강화되었다고 할 수 있습니다.

이번 후쿠시마 원전사고를 보면서 만약을 대비해 우리 원전에 안전 항목을 더욱 강화시켰습니다. 특히 자연재해에 대한 대비를 더욱 강화하기로 하여 최종적으로 2015년까지 모든 발전소가 후속 대책을 완료하게 될 것입니다.

문 12: 일부 원자력 반대 단체들은 이번 일본의 후쿠시마 원전사고를 보면서 원전 안전 신화가 근본적으로 무너졌다고 주장합니다. 특히 지난 50년간 세 번의 원전 중대사고 발생은 그동안 백만 년에 한 번꼴의 원자로 노심 용융사고가 발생할 수 있다는 확률론적 예측이 얼마나 허망한지를 보여주고 있다고 주장합니다.

주장이 모두 틀렸다고는 할 수 없습니다. 원전사고는 확률론적으로 계산하고 있습니다. 원자로 노심 손상 빈도를 초기 단계에는 10만분의 1

로 보았으나 점점 가상사고 확률을 높여 지금은 1백만분의 1로 예측하고 있습니다. 이는 사고의 빈도를 그만큼 줄이겠다는 기술적 의지이며 이를 통해 안전성 제고 노력을 끊임없이 해나가겠다는 것입니다. 종전 세 번의 중대사고가 차례로 발생했을 때 그에 대한 원인 분석과 경험을 통한 교훈을 거울삼아 대책을 강구해 오고 있습니다. 그래서 미국의 경우, TMI 사고 이후 중대사고의 원인 분석과 교훈을 규제기관은 운전 중인 발전소에 적극적으로 접목해 왔던 것입니다. 그 결과 발전소 신뢰성이 그만큼 높아져 가동률이 상승하고 있고, 이는 전력회사의 운영을 원활히 하는 원인이 되어 신규 원전이 다시 추진되는 결과로 이어지고 있습니다.

사실 이번 후쿠시마 원전사고는 1차적으로 자연재해에 따른 것으로 평가되었지만 전력회사가 자연재해에 따른 예측을 너무 안이하게 대처했고 그 결과가 화를 불렀다고 결론지어 결과적으로 인재라 평가하고 있습니다. 그리고 일본의 전력회사와 정부 사이에 정보의 공유가 순조롭지 않았던 것도 사고를 키운 결과가 되었다는 의견도 있습니다. 현재는 도쿄전력이 민간 기업에서 국영화로 변신하게 되었다고 합니다. 결국 원자력 산업은 국가 주도로 추진해야 하는 교훈을 남겼다고 판단됩니다. 종전 일본, 미국 등은 원전사업을 민간화했던 것입니다.

결론적으로 세 건의 원전 중대사고가 발생한 사례를 차례대로 분석해 보면 원자로 용융사고는 동일하지만 사고 발생의 근원이 달라지고 있음을 발견하게 됩니다. 사고가 모두 인재로 분류되기는 하지만 내용으로 보면 질적으로 다르다는 것입니다. 중대사고에 대한 대책이 매우 보수적으로 조치가 되어가고 있다는 것입니다. 후쿠시마 원전은 자연재해를 사전에 예측했지만 이행하지 못한 것이 결정적이기는 하지만 적어도 운전에서 나타난 인재는 아니었다는 것입니다. 사고 확률을 더욱 낮출 수 있는 좋은 신호로 받아들여질 수 있다고 봅니다.

문 13: 후쿠시마 원전사고와 같이 높은 온도에서 운전하고 냉각수가 제대로 공급되지 않아 수소가 발생하면 한국의 원전도 수소 폭발을 가져올 수 있나요?

후쿠시마 원전사고는 1차적으로 자연재해에 의한 것으로 볼 수 있으며 종합적으로는 인재사고로 평가하고 있습니다. 방파제 구축에서 큰 해일을 가정해 높이 쌓지 않은 것을 인재라 할 수 있다는 것입니다. 일단 자연재해와 별개로 수소 발생에 따른 설명부터 하겠습니다. 후쿠시마 원전은 한국의 원전 노형과 달리 원자로 내에서 바로 물을 끓여 증기를 발생시킵니다. 만일 끓는 물이 갑자기 전원 상실이 되면 냉각수가 주입되지 않아 빠른 시간 내에 물 속에 있던 핵연료가 노출됩니다. 노출된 연료는 더욱 빠르게 온도가 상승해 핵연료가 용융하게 됩니다. 물의 온도가 1천 도 이상으로 상승하게 되면 연료 피복관과 결합해 열화학 분해를 하게 되어 수소가 발생하게 됩니다. 이번 후쿠시마 원전은 이렇게 하여 수소가 빠르게 발생했던 것입니다.

그러나 한국 원전의 경우 원자로 내에서 물을 증기로 만들지 않습니다. 증기는 320℃의 뜨거운 물을 열교환기로 보내 그곳에서 2차 계통에서 들어오는 물을 데워 증기를 만들어 터빈을 돌려 전기를 생산하게 됩니다. 따라서 만일 전원 상실에 따라 냉각수가 원자로에 주입되지 않으면 거꾸로 열교환기인 증기 발생기에 있던 물이 냉각 기능을 한다는 것입니다. 따라서 사고를 해결할 수 있는 충분한 시간까지 원자로의 핵연료를 노출되지 않게 보호할 수 있습니다. 그만큼 한국의 원자로 노형은 안전성에서 우수하다고 할 수 있습니다.

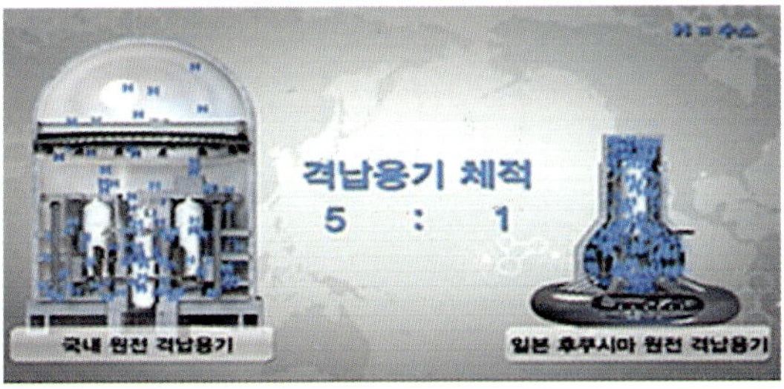

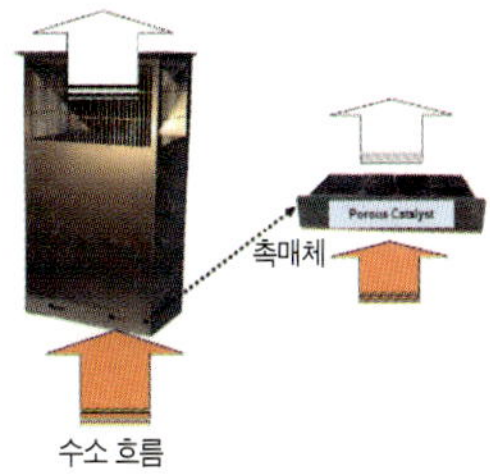

수소 발생을 일차적으로 막을 수 있지만 만일 수소가 발생하게 되면 무(無)전원에도 작동할 수 있는 수소 제거 장치(PAR)를 설치해 수소 폭발을 막게 합니다.

문 14: 원자력 발전은 핵연료를 원료로 사용하는데 원전 가동 중에 혹시 폭발할 위험은 없나요?

원자력 발전에서 핵폭탄의 이미지를 먼저 떠올린다면 그것은 잘못입니다. 원자력발전소는 폭발할 수 없는 구조로 되어 있습니다. 원자로 설계 및 건설 시에 제어 계통의 기능은 원전 인허가의 최우선 조건입니다.

원자폭탄의 원리에서 핵연료는 핵분열이 잘 일어날 수 있는 우라늄 농축을 95% 이상 합니다. 고농축의 우라늄이기 때문에 짧은 시간에 많은 에너지가 방출하도록 하는 것입니다. 그러나 원자력 발전 원리는 연료를 서서히 제어하면서 가능한 수준으로 연소시켜야 하므로 농축을 5% 미만으로 하는 저농축 우라늄을 사용합니다. 원자폭탄이 95% 농도의 알코올이라면 원자력 발전은 5%보다 낮은 맥주로 비유될 수 있습니다. 같은 알코올이지만 95%의 알코올은 불이 잘 붙고 위험성이 있지만 맥주는 절대 불이 안 붙는 것과 같이 원자력 발전의 핵연료는 폭발하지 않습니다.

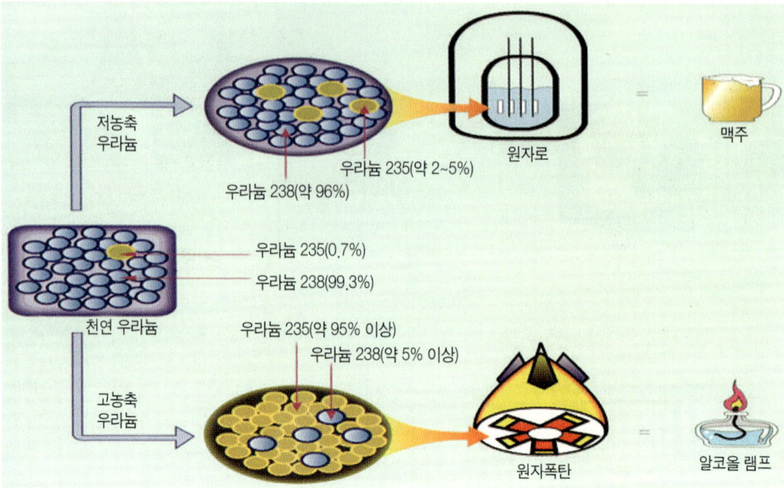

문 15: TMI, 체르노빌 원전, 후쿠시마 원전사고 이후 일부 국가가 탈원전으로 가고 있는데 한국은 원전을 계속 건설하고 있습니다. 특별한 이유가 있는지 알고 싶습니다.

국가마다 원자력 산업에 대한 정책이 같을 수는 없습니다. TMI 및 체르노빌 사고 영향으로 미국 및 서구가 한동안 원전 건설의 침체기를 맞이한 적이 있습니다. 이들 국가는 원전의 저탄소 및 가격 경쟁력에 대한 역할을 재삼 인식하고 원전사업을 재추진하는 단계에 있었습니다. 그럴 때에 후쿠시마 원전사고가 발생했고 독일 등 일부 국가는 원전 폐쇄 정책을 들고 나왔습니다. 그렇지만 재추진하고 있는 미국 등은 큰 영향을 받지 않고 원전을 추진하고 있으며, 여론조사도 다시 상승하고 있습니다. 신흥국가인 중국, 인도는 종전의 원전 정책을 지속적으로 추진하려 하고 있습니다. 독일의 경우, 풍부한 석탄자원과 함께 좋은 여건의 신재생 에너지 개발에 기대를 걸고 있습니다. 그러나 부족한 전기는 이웃인

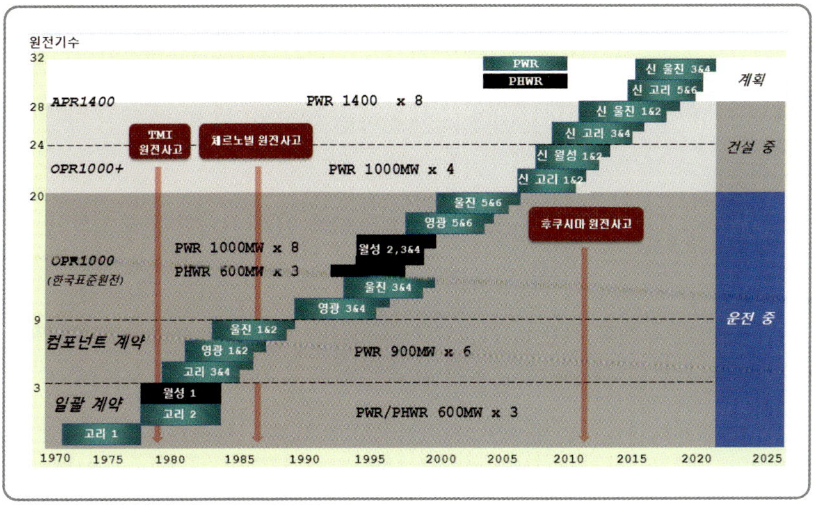

연도별 한국의 원자력발전소 건설 현황 및 계획

프랑스 등에서 수입할 수도 있습니다.

한국의 경우, 에너지 자원이 없으며 지속적인 산업 개발을 이룩해 나가야 하는 입장이라 지속 가능한 전력 공급은 필수적입니다. 이를 위해 원전 개발은 선택이 아닌 필수 사항입니다. 오히려 한국은 그동안 세 번의 원전 중대사고를 맞으면서 위기를 기회로 만들고 있다고 할 수 있습니다. 앞서 발생한 두 번의 사고 시에 한국은 그 어려운 원전 기술을 자립할 수 있었고, 이번의 후쿠시마 원전사고는 세계 원전시장을 적극적으로 공략하는 좋은 기회로 활용할 수 있습니다. 우리나라는 3면이 바다이며 북쪽은 북한과 인접해 전력 교류가 불가능하며 독립적인 전력망 구축이 필수적이기 때문에 전력 안보 측면에서 원자력은 매우 중요한 역할을 하고 있는 것입니다.

문 16: 원전 주변 및 방사성 폐기물 관리 부지의 일부 단층대가 활성이라서 지진 발생 가능성이 높아 언제 큰 지진이 올지 모르며 주민이 불안해하고 있다고 합니다. 이에 대한 견해를 듣고 싶습니다.

우리나라 원전은 규모 6.5지진(기상청 관측 이래 최대치인 규모 5.2의 약 90배)에도 견딜 수 있도록 내진 능력을 갖추고 있습니다. 또한 최근 건설되고 있는 원전에는 규모 7.0 지진도 이겨낼 수 있도록 최고 수준의 내진 설계로 건설하고 있습니다. 우리나라는 지리적으로 지진에 취약한 일본과는 달리 대규모 지진의 발생 확률이 매우 낮습니다. 규모 6.0 이상 지진은 한반도에서 발생한 사례가 없습니다. 지진이 잘 나는 환태평양 지진대로부터 한국은 600km 이상 떨어진 지진 안전대에 있습니다.

● 한국, 일본, 전 세계 지진 발생 빈도 비교

규모	한국	일본	전 세계
3.0 이상	10회/년	3,500회/년	145,000회/년
4.0 이상	0.7회/년	400회/년	15,000회/년
5.0 이상	0.1회/년	100회/년	3,000회/년
6.0 이상	-	10회/년	100회/년

● 한반도 주요 지진 발생 현황

NO	발생 일시	규모 m	발생 지역
1	1978.09.16	5.2	충북 속리산
2	1978.10.07	5.0	충남 홍성읍
3	1980.01.08	5.3	평북 삭주
4	2003.03.30	5.0	인천 백령도
5	2004.05.29	5.2	경북 울진 해역

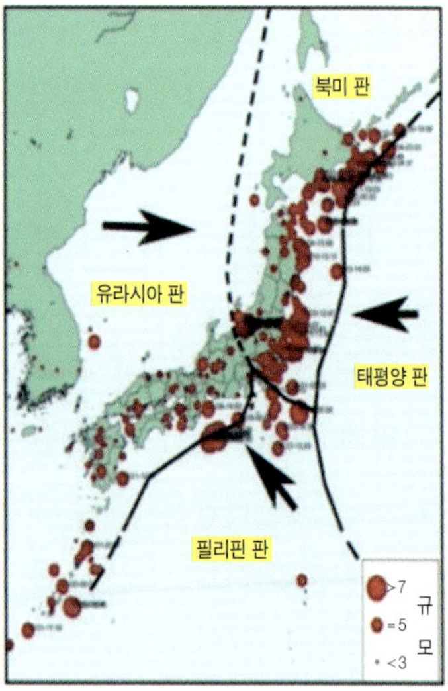

또한 만일을 위해 이번 후쿠시마 원전의 경험을 참고해 발전소의 방파제 구조물을 높이고 지진에 대비해 내진 설계를 강화하고 있습니다. 따라서 발전소 및 방사성 폐기물 관리시설 주변의 주민들은 불안해 할 필요 없이 생업에 매진하고 평소대로 생활하면 되겠습니다.

■ 방사성 폐기물

문 17: 원자력발전소를 운전하게 되면 필연적으로 방사성 폐기물이 발생합니다. 방사성 폐기물은 방사성물질을 내포하고 있고 방사선을 내고 있습니다. 일부 원전 반대단체들은 방사성 폐기물을 죽음의 재로 부르기도 하는데, 방사성 폐기물에 대한 안전 조치를 어떻게 하며 궁극적인 방사성 폐기물 관리는 어떻게 하나요?

원전 운전에는 필연적으로 방사성 폐기물이 발생하게 됩니다. 발전소 보수 중에 발생하는 입었던 옷가지와 교체한 부품들입니다. 이런 방사성 폐기물에서 나오는 방사선의 세기는 시간이 지남에 따라 감소하게 되어 있습니다. 이에 비해 사용후 핵연료 등 고준위 폐기물은 오랜 시간 방사선이 방출됩니다. 우리나라에 고준위 방사성물질은 오직 사용후 핵연료가 있을 뿐입니다. 사용후 핵연료는 연료로 재활용이 가능하므로 폐기물로 처분하지 않을 것으로 봅니다. 따라서 여기에서는 중 · 저준위 방사성 폐기물에 대해서만 언급하겠습니다.

방사성 폐기물을 처분한다는 것은 방사성물질을 생태계로부터 격리시킨다는 것을 의미합니다. 따라서 격리 상태를 감시할 필요가 있으며, 이렇게 해야 합니다. 우선 방사성물질이 지하수에 스며들지 않도록 지질학적으로 엄격한 지역을 선정해야 합니다. 경주방사성폐기물처분장은 그렇게 선정되었고 엄격한 기준에 의해 방사성 폐기물을 인수, 저장하게 될 것입니다. 방사성 폐기물 관리시설에 의한 방사선 관리는 법의 규정 내에서 운영되기 때문에 주민이나 환경에 전혀 영향이 없도록 관리될 것입니다.

문 18: 고준위 방사성 폐기물인 사용후 핵연료의 처리 처분이 가장 어렵고 문제점으로 알고 있습니다. 이에 대한 대책은 어떠한가요?

원전에 핵연료를 장전하고 보통 1년 반이면 연소가 끝나고 사용후 핵연료로 방출됩니다. 핵연료와 거의 같은 무게로 방출됩니다. 방출된 사용후 핵연료는 상당 기간 높은 온도를 유지하게 되어 냉각 수조에 저장하게 됩니다. 이 사용후 핵연료는 앞에서 언급한 바 있지만 에너지 자원으로 재활용할 수 있습니다. 그래서 여러 국가에서 재활용하고 있고 재활용할 계획을 갖고 있습니다. 현재 운전 중인 원자로에 재활용하기 위해서는 재처리 공정을 반드시 거쳐 플루토늄을 분리해 이를 우라늄과 혼합해 혼합 연료를 만들어 사용하게 되는 것입니다.

그러나 우리나라는 재처리를 할 수 없어 사용후 핵연료를 쌓아두고 있습니다. 그 이유는 간단합니다. 한국은 핵무기를 보유하지 않겠다고 선언했기 때문인데 여기에는 핵무기 연료인 플루토늄 추출을 위한 재처리 기술이 포함되어 있다고 보아야 하기 때문이며, 이는 한미원자력협정에도 정리되어 있습니다. 어떻든 현재는 재활용이 되지 않지만 향후 에너지로 재활용할 수 있는 길이 있을 수 있기 때문에 잘 보관해야 하는 입장입니다.

한편 일부 국가는 사용후 핵연료를 폐기물로 분류해 재활용하지 않고 직접 처분하려는 국가도 있습니다. 스웨덴, 핀란드 등이 대표적입니다. 미국도 카터 정권 때에는 핵 비확산을 우선적으로 고려해 직접 처분을 정책으로 정했으나 지금은 사정이 좀 달라졌습니다. 재처리를 포함해 원점에서 정책을 검토하고 있는 단계입니다. 재활용을 하게 되면 필연적으로 고준위 방사성물질이 발생하게 됩니다. 이의 최종 처분은 국제 공동 연구가 일부 진행되고 있지만 대체로 지하의 깊은 곳을 대상으로 심지층 처분을 추진하게 될 것으로 판단됩니다. 이미 여러 국가가 이에 대한 계획을 갖고 있습니다.

우리나라는 아직까지 정부의 정책이 없습니다. 가장 중요한 것은 현재 각 발전소 부지별로 쌓이고 있는 사용후 핵연료를 한 곳에 저장할 것인지 발전소 부지별로 저장할 것인지를 결정해야 하고, 다음은 이와 연계되는 것이지만 사용후 핵연료의 재활용 여부를 조속히 결정해야 합니다.

■ 생활 속의 원자력

문 19: 방사선은 눈에 보이지도 않으며 여기에 피폭되면 건강에 유해한 것으로 알려지고 있습니다. 방사선 관리의 중요성과 이에 대한 대책에 대해 설명을 원합니다. 자연방사선과 인공방사선에 대해서도 설명을 원합니다.

방사선은 방사성물질에서 방사성 붕괴라는 물리적 현상에 의해 방출됩니다. 이는 시간이 지남에 따라 방사능이 점점 줄어들어 궁극적으로는 없어지게 됩니다. 방사선은 여러 가지가 있는데 대부분의 방사선은 전리(이온화) 방사선으로 알파선, 베타선, 감마선 및 중성자선 등이 있습니다.

비전리성 방사선으로는 전파, 적외선, 가시광선, 자외선 등이 있습니다.

자연방사선은 우라늄, 토륨 등 방사성동위원소의 방사성 붕괴 과정에서 방출됩니다. 대기권 상층부에서 우주 방사선에 의해 발생한 방사성동위원소에서 방출되는 방사선 등이 대표적인 예입니다. 인공방사선은 필요에 따라 인위적으로 만들어진 방사선을 말합니다. 자연방사선이나 인공방사선이나 모두 에너지라는 점에서 물리적으로는 동일합니다.

방사능 물질이 우리 몸에 들어오면 어떻게 될까요? 어떤 방사성물질의 방사능 양이 방사성 붕괴에 의해 절반으로 감소하는 데 걸리는 시간을 반감기라 합니다. 그리고 방사성물질이 체내로 들어와서 방사능 양이 신진대사 과정에서 절반으로 감소하는 데 걸리는 시간을 생물학적 반감기라 합니다. 예로서 세슘은 물리적 반감기가 30년으로 길지만 생물학적 반감기는 109일에 지나지 않습니다. 즉, 체내로 들어온 세슘은 109일이면 그 양이 절반으로 줄어든다는 뜻입니다. 요오드의 경우, 그 기간이 약 7.6일입니다. 일부에서 공기 중에 존재하는 방사성물질을 흡입하면 모두 체내에 축적되고 배출이 안 된다고 말하고 있는데 이는 명백하게 사실과 다른 잘못된 정보입니다. 대부분의 방사성물질은 대소변이나 땀으로 체외로 방출됩니다.

따라서 우리 인류가 방사선을 다양한 분야에서 안전하게 관리하기 위해 무엇보다 안전성 확보가 필요합니다. 정부 및 안전 규제기관은 방사선 이용기관에서 사용하고 있는 방사성동위원소 및 시설의 안전한 취급, 방사선 취급시설의 설치 적합성, 방사선 작업 종사자의 방사선 피복 관리까지 다각적으로 안전관리와 규제를 통해 안전을 확인하고 있으며, 이런 일은 두말 할 것 없이 매우 중요하다고 하겠습니다.

문 20: 서울 노원구의 일부 아스팔트는 방사능에 오염되었다고 매스컴에 크게 보도된 적이 있습니다. 괜찮은 건지 알고 싶으며 어떻게 처리될 건가요?

신문 보도로 우리 국민에게 알려진 노원구의 아스팔트 도로에서 검출된 방사능은 도로 표면의 아스콘에만 함유된 것으로 분석되었습니다. 조사 결과 방사능 발생 수치는 80~390 나노 시버트(nSv)로 이는 1주일간 알프스 등반에도 발생하는 생활 방사선 수치(0.025 미리 시버트)보다 훨씬 낮은 수준인 안전한 수치로 조사되었습니다.

이는 국제방사선위원회(ICRP)에서 권고한 방사선량 허용 기준치인 시간당 500 나노 시버트보다도 낮은 안전한 수치입니다. 위험하지는 않더라도 주민들의 불안감 해소와 정서적인 안전을 위해 노력해야 되겠지만 전문가 및 전문기관의 공식적인 결정이 있기 전에 지자체에서 이를 걷어 쌓아둔 것에 대해서는 절차 이행에 문제가 있다고 판단됩니다. 그러나 결과적으로 현재 쌓여 있는 아스콘 아스팔트는 적법한 절차를 거쳐 안전하게 정리될 것입니다.

참고 자료

원자력 50년, 부흥 50년(과학기술부/한국원자력연구원, 2008).

알기 쉬운 방사선 영향(방사성동위원소협회, 2002).

원자력과 핵은 다른 건가요?(이순영, 1995).

원자력 발전의 바른 이해(한국전력, 2000).

저탄소 녹색성장을 위한 원자력 수출 방안 세미나 교재(국회, 2009).

에너지 자립국가에의 조건(한국에너지연구소, 1988).

과거 속의 미래(이익환, 2009).

원자력은 아니다(*Nuclear Power is Not the Answer*, Helen Caldicott, 2011).

세계 에너지 환경 변화와 원자력산업의 발전 방향(KISTI, 이익환, 2011).

후쿠시마 원전사고와 방사능 피해와 사회적 영향(KISTI, 김평수 · 이익환, 2011).

방사선 관리(한국동위원소협회, 2012).

International benchmark "European Stress Tests"(원자력산업회의, 2012.5).

원자력은 왜 필요한가?(원자력문화, 2012.6).

Fukushima impacts global nuclear generation in 2011(WNA, 2012.4.13).

Spent fuel disposal success vs failure(Radwaste Solution, 17(1), 2010).
한국방사성폐기물관리공단 소개 책자(2011년판).
알기 쉽고 읽기 좋은 원자력 안전관리(한국원자력안전기술원 홈페이지, 2012).
원자력문화(원자력문화재단, 2012. 5/6월호).
고준위폐기물 처분기술 개빌(최종원, 한국원자력산업회의, 2012 .7/8월호).
원자력 발전의 안전성과 정책을 긴급 진단한다(장순홍 등, 2011. 3. 25. 국회).
중국의 에너지 사정과 원자력 발전의 역할(이익환, 한국원자력산업, 2008.1월호).
한국의 핵주권(이정훈, 2009 및 신동아, 2006).
대한민국 원자력 성공사례(한국연구재단, 한국기술경영연구원 이승구, 2011).
IAEA Mission Report, "IAEA International Fact Finding Expert Mission of the Fukushima Dai-ichi NPP Accident Following the Great East Japan Earthquake and Tsunami" (June, 2011).
원자력 대안은 없다(글로드 알레그로 지음, 이소영 옮김, 2011).

원자력을 말하다

펴낸날 / 제1판 제1쇄 2012년 11월 20일
제1판 제2쇄 2012년 12월 31일
지은이 / 이익환
펴낸이 / 임춘환
펴낸곳 / 도서출판 대영문화사
주소 / 서울 용산구 청파동 1가 178-2 ㊄ 140-869
등록 / 1975년 12월 26일 제3-16호
전화 / (02)716-3883, (02)714-3062
FAX / (02)703-3839
홈페이지 / http://www.dymbook.co.kr

ISBN 978-89-7644-421-9

[값 16,000원]